U0229156

Microperforated Panel Sound Absorption Structures
Theory and Applications

微穿孔板吸声结构
——理论与应用

李贤徽 蒋从双 王 芳 盖晓玲 邢 拓 著

化学工业出版社
·北京·

内容简介

本书系统地介绍了微穿孔板吸声结构的基础理论、建模方法、结构设计和拓展应用。基础理论部分介绍了微穿孔板吸声结构的原理和分析方法；建模方法部分推导了考虑黏热效应的微穿孔板声阻抗模型，并进行了有限元数值仿真验证；结构设计和拓展应用部分介绍了微穿孔板结构的孔、腔和板的设计方法以及微穿孔板复合结构的研究成果。

本书可供声学材料和环境噪声控制等相关领域的科研和工程技术人员阅读参考。

图书在版编目（CIP）数据

微穿孔板吸声结构：理论与应用/李贤徽等著．北京：化学工业出版社，2022.4

ISBN 978-7-122-40708-5

Ⅰ.①微… Ⅱ.①李… Ⅲ.①穿孔板-吸声构造-研究 Ⅳ.①TU33

中国版本图书馆CIP数据核字（2022）第024586号

责任编辑：张海丽　　装帧设计：刘丽华

责任校对：宋　夏

出版发行：化学工业出版社（北京市东城区青年湖南街13号　邮政编码100011）

印　　装：北京建宏印刷有限公司

710mm×1000mm　1/16　印张10½　字数202千字　2022年9月北京第1版第1次印刷

购书咨询：010-64518888　　售后服务：010-64518899

网　　址：http://www.cip.com.cn

凡购买本书，如有缺损质量问题，本社销售中心负责调换。

定　　价：98.00元

前言

微穿孔板作为典型的共振吸声结构，自20世纪70年代马大猷院士的奠基性工作后，其声学性能、结构设计和拓展应用受到学术界广泛关注。通过研究人员的持续努力，微穿孔板技术不断发展，同时还衍生出大量新型结构。近年来，声线弯折耗能机制的发现丰富了微穿孔板吸声机理；滚压拉伸技术、增材加工、化学腐蚀、热塑和刻划等方法拓展了微孔成型工艺；高性能计算机实现了微穿孔板吸声结构的有限元数值仿真计算。作者所在的课题组一直致力于微穿孔板吸声结构研究——在前人工作的基础上建立了考虑黏热效应的声阻抗计算模型，减小了经典模型在较低频率下的预测偏差，优化了微穿孔板结构的设计，研究了多种微穿孔板复合结构，提升了微穿孔板结构的吸声性能。

本书由课题组近年的研究成果系统编撰而成。全书共6章。第1章从多孔吸声材料、共振吸声结构和人工复合结构三个方面概述吸声材料，并引入微穿孔板吸声结构。第2章从声波的基本性质、管中的声传播和亥姆霍兹共鸣器引入微穿孔板吸声结构的基础理论，并重点介绍微穿孔板吸声结构的声阻抗孔内效应和末端效应，以及常用的建模方法。第3章主要介绍微穿孔板的黏热模型，运用黏热理论对微孔内外的声波传播过程进行准确建模。第4章主要介绍微穿孔板吸声结构的数值仿真分析方法。第5章主要介绍微穿孔板吸声结构的设计，包括几何参数的影响规律以及串并联结构和变截面结构等内容。第6章主要介绍微穿孔结构的拓展应用，包括微穿孔板与其他结构的复合、纺织吸声结构以及微孔软膜天花空间吸声体等内容。

目前国内外尚无专注于介绍微穿孔板吸声结构的著作，本书的出版可以弥补这一空白。本书突出基础性、实用性和前瞻性，可以作为研究者学习微穿孔板结构的入门书籍，也可作为微穿孔板声学结构研究、设计与工程应用的指导用书。作者由衷希望本书的出版能对我国声学材料的研究和噪声控制技术的发展起到一定的促进作用。

本书在撰写过程中，得到北京市科学技术研究院城市安全与环境科学研究所、环境噪声与振动北京市重点实验室、国家环境保护城市噪声与振动控制工程技术中心以及同行专家的大力支持和帮助，特此表示感谢。感谢国家自然科学基金项目（11274048，11604015）、北京市自然科学基金项目（1172007，8142016，1182011，1222021）的支持，特别感谢北京市科学技术研究院北科学者计划BS201901和北科青年学者计划BYS202003的经费资助。

限于作者水平，书中不妥之处，敬请读者批评指正。

著者

目 录

Chapter 1

第1章 吸声材料概述

人居声环境的质量，不仅关系到人居舒适体感，更对人们的行为和健康产生重要影响。过去几十年来，国际卫生组织及全球范围内其他研究机构就环境噪声对人类健康的影响进行了系统的研究，已经证明噪声会引发许多健康问题，如听力损失、认知障碍、睡眠障碍、心血管疾病，以及与压力有关的心理健康风险等。因此，有必要采取有效的噪声控制手段。

实际噪声控制工程应用中，经常采用的技术手段主要包括吸声、隔声和消声。吸声是通过吸声材料消耗、减弱声能的措施。吸声注重于控制入射声一侧的反射声能的大小，反射越小，吸声效果越好。隔声是用隔声结构使声能在传播过程中受到阻挡而不能直接通过的措施，隔声注重于控制入射声另一侧的透射声能的大小，透射声能越小，隔声效果越好。隔声结构中加装一些吸声材料能够增强结构的固有隔声量，隔声围护内铺设一些吸声材料降低反射声可以提高实际隔声效果。消声是指利用管道内不同结构形式的多孔吸声材料吸收声能，主要适用于降低中高频段的噪声；或通过管道内声学特性的突变将部分声波反射回声源方向，主要适用于降低中低频段的噪声；或者通过不同几何尺寸的穿孔板结构降低噪声，达到消声的目的。吸声材料主要包括多孔吸声材料和共振吸声结构两大类，它们在吸声、隔声和消声等技术手段中均发挥重要作用。

1.1 多孔吸声材料

多孔吸声材料内部含有大量微孔和缝隙。从微观上看，多孔材料是由构成其孔隙结构的骨架和充满骨架间孔隙空间中的空气构成。这些微孔结构在材料内部互相连通、彼此贯穿，并与外界相通，从而使得声波易于进入微孔内而被材料所吸收，因此具有良好的吸声性能。多孔吸声材料的声能耗散机理主要包括两方面：一方面，由于声波引起了材料孔隙内的空气运动，导致空气与微孔的孔壁之间产生黏滞摩擦，使声能不断转化为热能；另一方面，由于孔隙中空气与孔壁间的热交换引起热损失，从而使声能衰减。一般情况下，黏滞摩擦引起的能量损失起主要作用[1]。

声波入射到材料表面时，一部分在材料表面被反射，另一部分则透入材料向内部传播。多孔吸声材料具有大量的微观的气 - 固接触表面，一般都具备较好的能量损耗系数。能量损耗系数表示损耗的声能量与总声能量的比值，而吸收的总声能等于声能量密度与能量损耗系数乘积的体积分。因此，即使能量损耗系数比较高，仍有可能因为阻抗失配，大部分入射的声能量在材料表面被反射，导致吸收的总声能较低。为保证声能量能进入吸声材料内部进而被耗散，通常需要进行阻抗匹配设计。例如，在消声室中，多孔吸声材料被设计为与波长相当的楔形来降低表面的声反射，以此提升空气介质与材料介质间的阻抗匹配程度。

多孔材料主要包括无机纤维类材料（如玻璃丝、玻璃棉、岩棉、矿渣棉等）、泡沫塑料类材料（如三聚氰胺泡沫、聚氨酯泡沫、脲醛泡沫塑料、氨基甲酸酯泡沫塑料、海绵乳胶、泡沫橡胶等）、有机纤维材料（利用棉、麻等植物纤维来吸声，如工业毛毡、木丝板、木纤维板、稻草板等）和颗粒类材料（如砂岩板、珍珠岩板、泡沫水泥等）等，如图 1-1 所示。

多孔材料吸声性能的影响因素可以从材料的物理结构参数和工程应用角度分析：

首先，从材料的物理结构参数看，主要是流阻和孔隙率等参数，它们提供了理论分析的依据。流阻是空气质点通过材料孔隙的阻力，表征了材料的透声性能。通过调整材料的流阻，可以改变材料的声阻（率），从而调整材料吸声的频率特性。对于低流阻材料，低频段吸声系数很低，到中、高频段后，一定程度上吸声系数会有明显上升；高流阻材料的高频吸声系数明显下降，但低中频吸声系数有所提高[2]。孔隙率是材料内部空气体积与材料总体积之比，多孔材料孔隙率一般在 70% 以上，多数达 90% 左右，密实材料孔隙率较低，吸声性能较差。

其次，从工程应用角度看，主要是厚度、密度、背部空腔、面层材质、温湿度等因素。增加材料的厚度，低频吸收很快增加，对高频吸收的影响则很小，继续增加材料的厚度，材料平均吸声系数的增加逐步变缓。多孔材料置于刚性墙面前一定距离，即材料背部设置一定深度的空气层，可以有效改善低频的吸收。与通过增加材料厚度来改善低频吸收的方法相比，这种方法显著节省了材料用量。一般情况下，当空气层深度为入射声波 1/4 波长时，吸声系数最大；空气层深度为 1/2 波长或其整倍数时，吸声系数最小。

(a) 超细玻璃棉　(b) 三聚氰胺泡沫

(c) 木丝板　(d) 珍珠岩板

图 1-1　常见的多孔吸声材料

多孔吸声材料成本低廉、应用广泛，但在吸声性能和环境适应性等方面仍有一定的局限性。主要表现在：①中低频段吸声性能不足，虽可通过增大材料的流阻或增加材料的厚度提升中低频段吸声性能，但可能会造成高频段吸声系数的下降以及使用空间和成本的增加；②耐候性能和防火性能较差，怕潮怕油污，有些易生虫或滋生细菌，有些可燃甚至易燃；③环境不友好，纤维类材料会释放大量微小的纤维碎屑，易于散落并飘浮在空气中，不但造成环境污染，而且对人体健康构成威胁。

1.2　共振吸声结构

另一大类吸声材料便是共振吸声结构，包括薄板（膜）吸声结构、亥姆霍兹共鸣器、穿孔板吸声结构和微穿孔板吸声结构等。

薄板共振吸声结构是由周边受约束的薄层（如胶合板、薄木板、石膏板或薄金属板等）及其背部一定厚度的密闭空气腔所构成。该结构近似于一个弹簧和质量块振动系统，其中，薄板相当于质量块，板后的空腔相当于弹簧。当声波入射到薄板上，由于板后空气腔的弹性以及板本身具有的劲度和质量，薄板产生振动，其中一部分振动能量由于阻尼作用转变为热能耗散掉。当入射声波的频率接近于振动系统的固有频率时，结构发生共振，此时系统的振动幅度最大，吸声能力最强。通常薄板吸声结构的共振频率在 80 ～ 300Hz 的低频范围内。单层薄膜后置空腔也能实现类似的吸声性能，其主要影响因素包括表面密度、膜的张力和背腔深度等。

亥姆霍兹共鸣器（Helmholtz Resonator，HR）的原始形状是一个有细颈或小开口的容器，如图 1-2(a) 所示。当声波传到共鸣器时，小孔孔颈中的空气柱在声波的压力作用下像活塞一样做往复运动，由于孔颈壁的阻尼作用，一部分声能转化为热能而消耗掉。当外来声波频率与共鸣器固有振动频率相同时，就发生了共振，空气柱往返于孔颈中的速度最大，能量损耗最高，即吸收的声能最多。

穿孔板吸声结构是由开设小孔的穿孔板与板后空腔构成的，可视为大量的亥姆霍兹共鸣器并联组合而成的结构。穿孔板的孔径一般比较大，在 1.0mm 以上，主要用于中低频段的吸声，但是吸声频带往往较窄。

在穿孔板的基础上，将孔径开至 1.0mm 以下，此时结构的吸声性能有了质的改变，不仅大大增加了吸声系数，也拓展了吸声频带宽度。20 世纪 70 年代，马大猷院士首次提出了微穿孔板（Microperforated Panels, MPPs）吸声结构的概念，微穿孔板一般是在固体薄板上穿以大量规则排列的孔径小于 1.0mm 的微孔。微穿孔板后部设置密闭的空腔便形成了微穿孔板吸声结构（Microperforated Panel Absorbers, MPAs），如图 1-2(b) 所示。选取合适的结构参数，使其声阻与空气特性阻抗相接近，而声抗相对较小，可以不需要搭配使用多孔吸声材料就能达到较好的吸声效果 [3-5]。

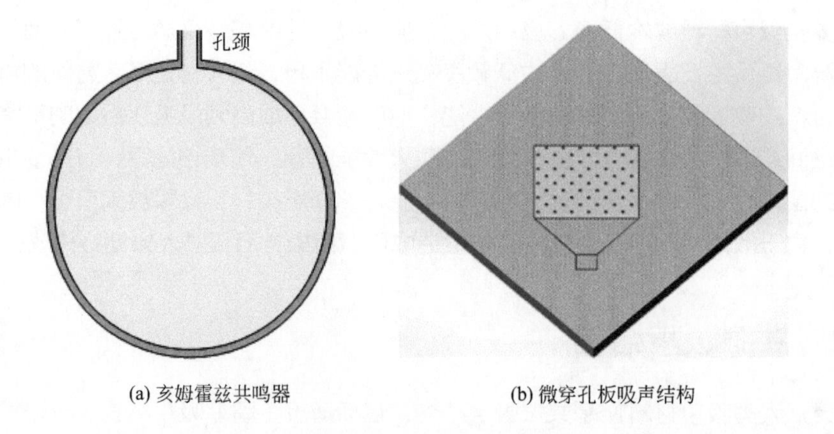

(a) 亥姆霍兹共鸣器　　(b) 微穿孔板吸声结构

图1-2　共振吸声结构

共振吸声结构依靠与声波发生板腔或孔腔共振来实现较好的吸声效果。远离共振频率处吸声性能迅速降低。相比于前一节介绍的多孔吸声材料，共振吸声结构的中低频吸声性能一般较好，但有效作用频率范围往往较窄。

1.3 人工复合结构

上面介绍的多孔吸声材料和共振吸声结构主要借助常规材料构成，前者在低频吸声、结构强度、耐候性能和环境影响等方面存在一定的局限性，后者的吸声频带较窄。近年来提出的以声学超构材料为代表的人工复合结构，具有很多常规材料所不具备的特殊性质，在负折射、亚波长成像、声隐身单向透射等方向表现出非凡的能力，为更低频、更宽带的声波调控提供了一种有效的方法。常见的与低频吸声相关的人工复合结构包括声子晶体、薄膜型超材料和卷曲空间结构等。

声子晶体是指由两种或两种以上介质组成的具有弹性波带隙特征的周期性复合材料或结构。当弹性波在声子晶体中传播时，受内部周期结构作用，某些频率范围内的弹性波不能传播，相对应的频率范围称为带隙。声子晶体的带隙机理分为两种：布拉格（Bragg）散射机理和局域共振机理[6]。Bragg 带隙要求声子晶体的晶格尺寸至少与弹性波的半波长大致相当；局域共振带隙主要由局域共振单元与基体中长波长行波的相互作用形成。图 1-3(a) 是一种使用光敏树脂打印的声子晶体结构，该结构的孔隙率沿入射波方向逐渐降低，这种梯度结构比均匀声子晶体和离散阶跃声子晶体具有更好的吸声特性[7, 8]。

薄膜型超材料由预张紧的弹性薄膜和附着在其表面上的质量块所构成。在一定频率范围内，膜表现出具有负的动态质量密度特性，并可通过膜预应力的大小、附加质量块的大小、位置和数量来调整。在薄膜型超材料中引入磁场，构成负刚度薄膜吸声结构，如图 1-3(b) 所示，能够降低薄膜吸声结构的共振频率，用较小背腔便能实现等效于较大背腔常规薄膜结构的吸声性能[9-11]。

卷曲空间结构通过折叠空腔或卷曲结构实现深亚波长尺度上的完美吸声。卷曲空间是一种有效减小吸声结构厚度的方法。Li 等[12]利用小孔和迷宫型螺旋背腔结构，在 125Hz 处实现完美吸声，整体结构厚度仅 12mm，如图 1-3(c) 所示。将卷曲空间和具备较宽吸声频带的微穿孔板结构复合，可以构造较宽频带的吸声单元，再通过单元并联，可实现宽频深亚波长吸声体。Liu 等[13]利用该设计思想在 380 ～ 3600Hz 范围内，实现了吸声系数大于 0.9 的微穿孔板复合卷曲空间结构设计。

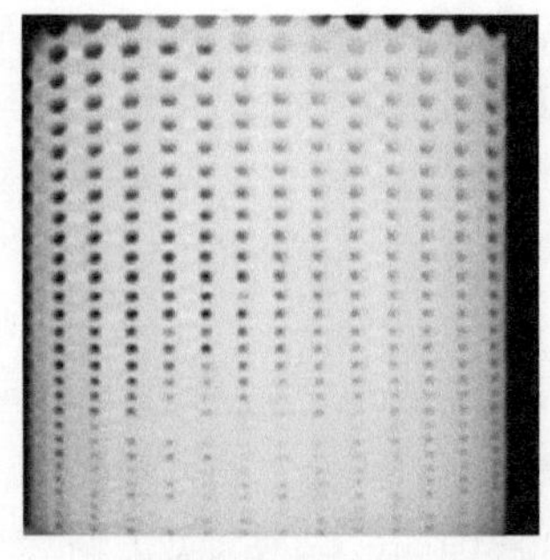
(a) 连续梯度声子晶体

(b) 磁力负刚度薄膜吸声结构

(c) 迷宫型螺旋背腔结构

图1-3 人工复合结构

1.4 本书结构

人工复合结构虽然能够有效操控低频声波，但往往结构复杂，制作成本高昂，目前大多还处于实验研究阶段，难以大规模进行工程应用。微穿孔板吸声结构因无须填充任何多孔材料、质轻坚固、防火防潮防腐、耐候性能优良、无二次污染、制作成本相对较低等特点已经被广泛应用于建筑、船舶、飞机、工业等诸多领域。随着研究的深入，通过构建微孔、薄板和高穿孔率的优化组合能够实现接近或超过 3 个倍频带的吸声性能；借助微穿孔板与其他吸声结构的复合能够大幅提升其吸声频带宽度。由此可见，微穿孔板吸声结构是未来吸声材料与吸声结构设计的重要发展方向。

本书将系统地介绍微穿孔板的理论与结构设计。第 1 章从多孔吸声材料、共振吸声结构和人工复合结构三个方面概述吸声材料，并引入微穿孔板吸声结构。第 2 章从声波的基本性质、管中的声传播和亥姆霍兹共鸣器引入微穿孔板吸声结构的基础理论，并重点介绍微穿孔板的声阻抗孔内效应和末端效应。第 3 章主要介绍微穿孔板的黏热模型，运用黏热理论对微孔内外的声场进行准确建模。第 4 章主要介绍微穿孔板吸声结构的仿真分析方法。第 5 章主要介绍微穿孔板吸声结构的设计，包括几何参数的影响规律、串并联结构和变截面结构等内容。第 6 章主要介绍微穿孔结构的拓展应用，包括微穿孔板与其他结构的复合、纺织吸声结构以及微孔软膜天花空间吸声体等内容。

参考文献

[1] Yang M, Sheng P. Sound absorption structures: from porous media to acoustic metamaterials[J]. Annual Review of Materials Research, 2017, 47: 83-114.

[2] 吕玉恒，燕翔，魏志勇，孙家麒，邵斌，冯苗锋．噪声与振动控制技术手册 [M]. 北京：化学工业出版社，2019.

[3] 马大猷．微穿孔板吸声结构的理论和设计 [J]. 中国科学，1975, 18(1): 38-50.

[4] Maa D Y. Microperforated-panel wideband absorbers[J]. Noise Control Engineering Journal, 1987, 29(3): 77-84.

[5] Maa D Y. Potential of microperforated panel absorber[J]. Journal of the Acoustical Society of America, 1998, 104(5): 2861-2866.

[6] 温激鸿，郁殿龙，赵宏刚，蔡力，肖勇，王刚，尹剑飞．人工周期结构中弹性波的传播：振动与声学特性 [M]. 北京：科学出版社，2015.

[7] Bergamini A, Simoni L D, Lillo L D, Ermanni P, Delpero T, Ruzzene M. Phononic crystal with adaptive connectivity[J]. Advanced Materials, 2013, 26: 1343-1347.

[8] Zhang X H, Qua Z G, He X C, Lu D L. Experimental study on the sound absorption characteristics of continuously graded phononic crystals[J]. AIP Advances, 2016, 6: 105205.

[9] Langfeldt F, Riecken J, Gleine W, von Estorff O. A membrane-type acoustic metamaterial with adjustable acoustic properties[J]. Journal of Sound and Vibration, 2016, 373: 1-18.

[10] Yang M, Ma G C, Yang Z Y, Sheng P. Coupled membranes with doubly negative mass density and bulk modulus[J]. Physics Review Letter, 2013, 110:134301.

[11] Zhao J J, Li X H, Wang Y Y, Wang W J, Zhang B, Gai X L. Membrane acoustic metamaterial absorbers with magnetic negative stiffness[J]. Journal of the Acoustical Society of America, 2017, 141: 840-846.

[12] Li Y, Assouar B M. Acoustic metasurface-based perfect absorber with deep subwavelength thickness[J]. Applied Physics Letters, 2016, 108: 063502.

[13] Liu C R, Wu J H, Yang Z R, Ma F Y. Ultra-broadband acoustic absorption of a thin microperforated panel metamaterial with multi-order resonance[J]. Composite Structures, 2020: 112366.

Chapter 2

第 2 章 基本理论

本章首先从声波的基本性质出发，介绍本书所需要的基本声学原理并推导了管中声传播；然后从亥姆霍兹共鸣器这一简单的声振动系统引出微穿孔板吸声结构，并重点介绍单个微孔的孔内效应和末端效应、多个微孔间的相互作用以及微穿孔板整体的吸声性能；最后详细介绍微穿孔板结构的建模方法，包括等效电路法、等效流体法和传递矩阵法。

2.1 声波的基本性质

2.1.1 声波基本方程

弹性介质质点发生机械振动并由近及远的传播形成声波。当声波在空气中传播时，声传播的方向与质点振动方向是一致的，故称为纵波。设介质中某体积元受声扰动后压强由静态压强 P_0 变化为 P，则由声扰动产生的逾量压强称为声压 $p=P-P_0$。声压 p 一般是空间和时间的函数，即 $p=p(x,y,z,t)$，其中 x、y 和 z 表示直角坐标系的坐标，t 表示时间。同样，由声扰动引起的密度变化量 $\rho'=\rho-\rho_0$，也是空间和时间的函数，即 $\rho'=\rho'(x,y,z,t)$。

存在声波的空间便是声场，声场的特征可以通过介质中的声压 p、质点速度 $\boldsymbol{v}$ 以及密度变化量 ρ' 来表征。声场中介质振动满足基本的物理定律，即质量守恒定律、动量守恒定律以及描述压强、温度与体积等状态参数关系的物态方程。运用这些基本定律，就可以推导出连续性方程，即 $\boldsymbol{v}$ 与 ρ' 之间的关系；运动方程，即 p 与 $\boldsymbol{v}$ 之间的关系；以及物态方程，即 p 与 ρ' 之间的关系。

（1）连续性方程

从介质中任意选取一个控制体，体积为 V，表面积为 S，如图 2-1 所示。控制体内的介质质量为 $\iiint_V \rho \mathrm{d}V$，通过面源 ΔS 上离开控制体的介质质量速率为 $\rho\boldsymbol{v}\cdot\boldsymbol{n}\Delta S$。根据质量守恒定律，控制体内介质质量随单位时间的增加率等于通过表面流入质量的速率[1]，即

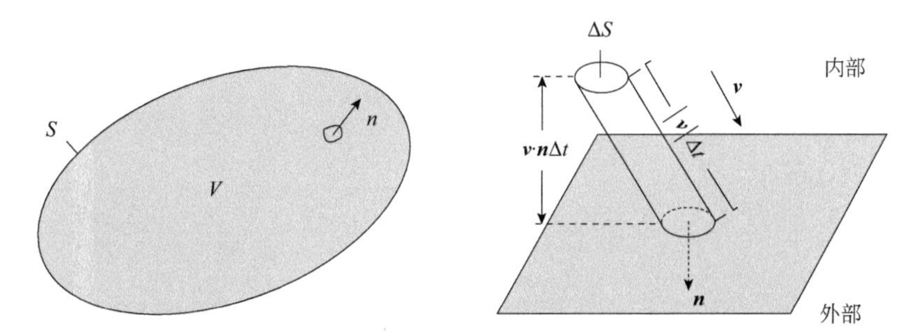

图 2-1　控制体的体积和表面示意图

$$\frac{\partial}{\partial t}\iiint_V \rho \mathrm{d}V=-\iint_S \rho\boldsymbol{v}\cdot\boldsymbol{n}\mathrm{d}S \tag{2-1}$$

根据高斯定理，矢量穿过任意闭合曲面的通量等于矢量的散度对闭合曲面所包围的体积的积分，即对于矢量场 $\boldsymbol{A}$ 有 $\iint_S \boldsymbol{A}\cdot\boldsymbol{n}\mathrm{d}S=\iiint_V \nabla\cdot\boldsymbol{A}\mathrm{d}V$，代入式（2-1）变换得到

$$\iiint_V \left(\frac{\partial \rho}{\partial t} + \nabla \cdot (\rho \boldsymbol{v})\right) \mathrm{d}V = 0 \tag{2-2}$$

式（2-2）对任意控制体均成立，由此得到

$$\frac{\partial \rho}{\partial t} + \nabla \cdot (\rho \boldsymbol{v}) = 0 \tag{2-3}$$

（2）运动方程

上述控制体表面上受到相邻介质的作用力，在面源 ΔS 上受到的表面压力为 $-p \cdot \boldsymbol{n}\Delta S$，体积 V 中介质的动量是$\iiint_V \rho \boldsymbol{v} \mathrm{d}V$，通过面源 ΔS 流出的介质带走动量，流出速率为$\rho \boldsymbol{v}(\boldsymbol{v} \cdot \boldsymbol{n})\Delta S$。另外，假设介质为理想流体，即介质中不存在黏性力，声波在传播过程中没有动量的耗损。根据动量守恒定律，介质的动量随时间的增加率等于作用力的贡献减去流出介质带走动量的速率，即

$$\frac{\partial}{\partial t}\iiint_V \rho \boldsymbol{v} \mathrm{d}V = -\iint_S p \cdot \boldsymbol{n} \mathrm{d}S - \iint_S \rho \boldsymbol{v}(\boldsymbol{v} \cdot \boldsymbol{n}) \mathrm{d}S \tag{2-4}$$

运用高斯定理，对式（2-4）变换得到

$$\frac{\partial}{\partial t}(\rho \boldsymbol{v}) + \nabla p + \nabla \cdot (\rho \boldsymbol{v}\boldsymbol{v}) = 0 \tag{2-5}$$

式（2-5）可以展开为

$$\frac{\partial \rho}{\partial t}\boldsymbol{v} + \rho \frac{\partial \boldsymbol{v}}{\partial t} + \nabla p + \boldsymbol{v}\nabla \cdot (\rho \boldsymbol{v}) + \rho \boldsymbol{v} \cdot \nabla \boldsymbol{v} = 0 \tag{2-6}$$

根据式（2-3），$\boldsymbol{v}[\partial \rho / \partial t + \nabla \cdot (\rho \boldsymbol{v})] = 0$，式（2-6）成为

$$\rho \frac{\partial \boldsymbol{v}}{\partial t} + \rho \boldsymbol{v} \cdot \nabla \boldsymbol{v} + \nabla p = 0 \tag{2-7}$$

前两项合并为全导数，得到

$$\rho \frac{\mathrm{d}\boldsymbol{v}}{\mathrm{d}t} + \nabla p = 0 \tag{2-8}$$

其中，$\mathrm{d}\boldsymbol{v}/\mathrm{d}t = \partial \boldsymbol{v}/\partial t + \boldsymbol{v} \cdot \nabla \boldsymbol{v}$，第一项$\partial \boldsymbol{v}/\partial t$称为局部加速度，是由速度随时间的变化而引起的；第二项$\boldsymbol{v} \cdot \nabla \boldsymbol{v}$称为对流加速度，是由速度随位置的变化而引起的。

（3）物态方程

在声传播过程中，介质压缩和膨胀过程远比热传导过程快。在一个压缩膨胀周期内，介质还来不及与毗邻部分进行热交换，因而声波传播过程可以认为是绝热过程。绝热过程中，压强仅是密度的函数，即$P = P(\rho)$，由声扰动引起的压强和密度的微小增量满足

$$dP = \left(\frac{dP}{d\rho}\right)_s d\rho = c_0^2 d\rho \quad (2\text{-}9)$$

式中，$c_0 = \sqrt{(dP/d\rho)_s}$，为声传播的速度；下标 s 表示绝热过程。

对于一定质量的理想气体，其绝热状态方程为

$$\frac{P}{\rho^\gamma} = \text{const} \quad (2\text{-}10)$$

式中，γ 表示比热容比。

将式（2-10）代入式（2-9）得到$c_0^2 = \gamma P/\rho$，取平衡态时的数值则得$c_0^2 \approx \gamma P_0/\rho_0$。

（4）波动方程

假定介质中传播的是小振幅声波，即声压远小于静态压强，等效可以推导出质点速度远小于声速，质点位移远小于声波波长，密度变化量远小于静态密度。与小振幅声波相关的物理量 p、$\boldsymbol{v}$、ρ' 以及它们随位置和时间的变化量都是微小量，它们的平方项或乘积项为更高阶的微量，因而可以忽略。对连续性方程、运动方程和物态方程进行简化，得到

$$\begin{cases} \rho_0 \nabla \cdot \boldsymbol{v} = -\dfrac{\partial \rho'}{\partial t} \\ \rho_0 \dfrac{\partial \boldsymbol{v}}{\partial t} = -\nabla p \\ p = c_0^2 \rho' \end{cases} \quad (2\text{-}11)$$

整理得到声波方程

$$\nabla^2 p - \frac{1}{c_0^2} \times \frac{\partial^2 p}{\partial t^2} = 0 \quad (2\text{-}12)$$

式中，∇^2表示拉普拉斯算子，在直角坐标系中，$\nabla^2 = \partial^2/\partial x^2 + \partial^2/\partial y^2 + \partial^2/\partial z^2$。

2.1.2 平面声波

上面介绍的声波方程只考虑了介质的基本物理特性，没有计及声源的具体振动状况及边界条件。对于简谐声源，声压 p 随时间做简谐变化，$p = p(x,y,z)e^{i\omega t}$，其中，$\omega$ 为角频率，i 为虚数单位，$i = \sqrt{-1}$。代入式（2-12），声波方程化为亥姆霍兹方程 [2]

$$(\nabla^2 + k^2) p(x,y,z) = 0 \quad (2\text{-}13)$$

式中，k 为波数，$k = \omega/c_0$，也可表示为$k = 2\pi/\lambda$，λ 为介质中声波的波长。

为了便于讨论，先考虑声波仅沿 x 方向传播，而在 yz 平面上所有质点的振幅和

相位均相同的情况。这种声波的波阵面是平面，称为平面波。此时，式（2-13）的一般解可以表示为

$$p = A\mathrm{e}^{\mathrm{i}(\omega t-kx)} + B\mathrm{e}^{\mathrm{i}(\omega t+kx)} \tag{2-14}$$

式中，A 和 B 为两个任意常数，由边界条件决定。式（2-14）的第一项表示沿 x 正方向传播的平面波，第二项表示沿 x 负方向传播的平面波。

在无限均匀介质中沿 x 正方向传播的平面声波，由于不会出现反射波，$B=0$，式（2-14）简化得到

$$p = A\mathrm{e}^{\mathrm{i}(\omega t-kx)} \tag{2-15}$$

根据式（2-11）中的运动方程，得到质点速度

$$\boldsymbol{v} = -\frac{1}{\rho_0}\int \nabla p \mathrm{d}t \tag{2-16}$$

将式（2-15）代入式（2-16），得到 x 方向的质点速度为$v(x,t) = p(x,t)/(\rho_0 c_0)$。

为了表征声场中介质的阻抗特性，下面引入声阻抗率，其定义为声场中某位置的声压与该位置的质点速度的比值，即

$$Z_{\mathrm{s}} = \frac{p}{v} \tag{2-17}$$

根据声阻抗率的定义，将平面波解式（2-15）代入式（2-17），得到平面波的声阻抗率为

$$Z_{\mathrm{s}} = \rho_0 c_0 \tag{2-18}$$

一般情况下，声阻抗率是复数，其实部代表着能量的损耗或传递，虚部代表着能量的储存与交换。

对于无限大均匀介质中的平面声波，其声阻抗率不随位置变化，故称为介质的特性阻抗，单位为 $\mathrm{N\cdot s/m^3}$，代表了介质的固有属性。

声波在介质中传播，不仅使介质质点在平衡位置附近来回振动，也在介质中产生了压缩和膨胀，前者使介质具有了振动动能，后者使介质具有了形变位能，两部分之和便是声波的总声能量。设声场中有一微小体积元，无扰动时体积为 V_0，压强为 P_0，密度为 ρ_0，声波扰动导致体积元的动能为$\Delta E_{\mathrm{k}} = \rho_0 V_0 v^2/2$，体积元的位能为$\Delta E_{\mathrm{p}} = -\int_0^p p\mathrm{d}V$，根据物态方程式（2-9）和绝热状态方程式（2-10）得到$\mathrm{d}V = -[V_0/(\rho_0 c_0^2)]\mathrm{d}p$。因此，体积元里总声能量为动能和位能之和，即

$$\Delta E = \Delta E_{\mathrm{k}} + \Delta E_{\mathrm{p}} = \rho_0 \frac{V_0}{2}\left(v^2 + \frac{p^2}{\rho_0^2 c_0^2}\right) \tag{2-19}$$

将上面求得的平面波的声压和质点速度取实部后代入式（2-19），得到

$$\Delta E = \Delta E_{\mathrm{k}} + \Delta E_{\mathrm{p}} = V_0 \frac{A^2}{\rho_0 c_0^2} \cos^2(\omega t - kx) \tag{2-20}$$

式（2-20）表示声能量的瞬时值，对一个周期取平均，得到声能量的时间平均值$\overline{\Delta E} = V_0 A^2 / (2\rho_0 c_0^2)$。

单位体积里的平均声能量称为平均声能量密度，即

$$\bar{\varepsilon} = \frac{A^2}{2\rho_0 c_0^2} \tag{2-21}$$

2.1.3 声波的吸收

材料吸声能力的大小一般使用吸声系数来衡量，吸声系数是指被吸收的声能量与入射声能量之比，除了与入射声波所在的介质的声阻抗有关外，还与入射声波的方向有关，通常定义有法向入射吸声系数、斜入射吸声系数和扩散声场吸声系数。

（1）法向入射吸声系数

假设两种介质Ⅰ和Ⅱ的特性阻抗分别为Z_1和Z_2，它们的分界面为位于$x=0$的无限大平面。当介质Ⅰ中的平面声波垂直入射到分界面上时，由于分界面两边介质的特性阻抗不一样，有一部分声波会反射回去，另一部分透入介质Ⅱ中，如图2-2所示。

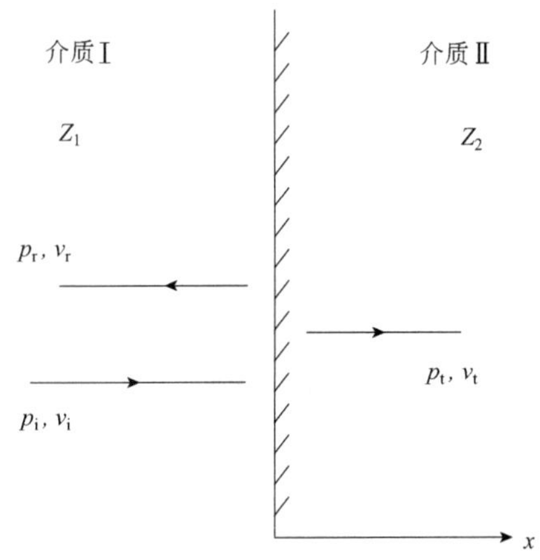

图2-2 声波法向入射示意图

入射声波、反射声波和透射声波的声压分别为

$$p_{\mathrm{i}} = A_{\mathrm{i}} \mathrm{e}^{\mathrm{i}(\omega t - k_1 x)},\ p_{\mathrm{r}} = A_{\mathrm{r}} \mathrm{e}^{\mathrm{i}(\omega t + k_1 x)},\ p_{\mathrm{t}} = A_{\mathrm{t}} \mathrm{e}^{\mathrm{i}(\omega t - k_2 x)} \tag{2-22}$$

式中，k_1、k_2分别表示介质Ⅰ和介质Ⅱ中声波的波数，$k_1=\omega/c_1$，$k_2=\omega/c_2$；c_1、c_2分别表示介质Ⅰ和介质Ⅱ中声波传播速度；A_{i}、A_{r}和A_{t}分别为入射声波、反射声波和透射声波的声压幅值。

介质Ⅰ中的声场为入射波和反射波之和，介质Ⅱ中的声场为透射波，界面两边的声压分别为

$$p_1 = p_{\mathrm{i}} + p_{\mathrm{r}} = A_{\mathrm{i}} \mathrm{e}^{\mathrm{i}(\omega t - k_1 x)} + A_{\mathrm{r}} \mathrm{e}^{\mathrm{i}(\omega t + k_1 x)},\ p_2 = p_{\mathrm{t}} = A_{\mathrm{t}} \mathrm{e}^{\mathrm{i}(\omega t - k_2 x)} \tag{2-23}$$

两边的质点速度分别为

$$v_1 = v_{\mathrm{i}} + v_{\mathrm{r}} = \frac{A_{\mathrm{i}}}{Z_1} \mathrm{e}^{\mathrm{i}(\omega t - k_1 x)} - \frac{A_{\mathrm{r}}}{Z_1} \mathrm{e}^{\mathrm{i}(\omega t + k_1 x)},\ v_2 = \frac{A_{\mathrm{t}}}{Z_2} \mathrm{e}^{\mathrm{i}(\omega t - k_2 x)} \tag{2-24}$$

在界面 $x=0$ 处，两边应同时满足：①声压的连续性，即$p_1=p_2$；②法向质点速度的连续性，即$v_1=v_2$。由此求解得到声压反射系数

$$r_p=\frac{A_r}{A_i}=\frac{Z_2-Z_1}{Z_2+Z_1} \tag{2-25}$$

相应地可求得吸声系数为

$$\alpha=1-\left|r_p\right|^2=1-\left|\frac{Z_2-Z_1}{Z_2+Z_1}\right|^2 \tag{2-26}$$

假设介质Ⅰ是空气，介质Ⅱ是吸声材料，定义材料的相对声阻抗率 z 为材料的特性阻抗 Z_2 与空气特性阻抗 Z_1 的比值，在不引起歧义的情况下，后文均简称为相对声阻抗。吸声系数也可表示为

$$\alpha=1-\left|\frac{z-1}{z+1}\right|^2=\frac{4\mathrm{Re}(z)}{\left[1+\mathrm{Re}(z)\right]^2+\mathrm{Im}(z)^2} \tag{2-27}$$

式中，Re() 和 Im() 分别表示为复数的实部和虚部。

（2）斜入射吸声系数

当声波入射方向与界面的法线成 θ_i 角时，如图 2-3 所示，入射声波、反射声波和透射声波的声压分别表示为 [3]

$$p_i=A_i e^{i\left(\omega t-k_1x\cos\theta_i-k_1y\sin\theta_i\right)},\ p_r=A_r e^{i\left(\omega t+k_1x\cos\theta_r-k_1y\sin\theta_r\right)},\ p_t=A_t e^{i\left(\omega t-k_2x\cos\theta_t-k_2y\sin\theta_t\right)} \tag{2-28}$$

式中，θ_i、θ_r 和 θ_t 分别为入射角、反射角和透射角。

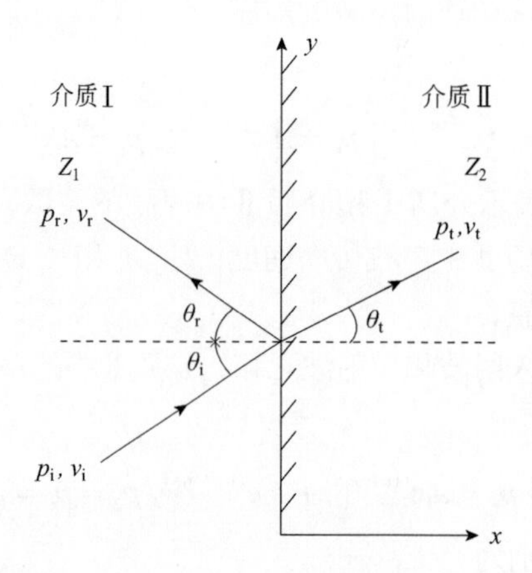

图 2-3　声波斜入射示意图

两边的法向质点速度分别为

$$v_{1,x}=v_{\mathrm{i},x}+v_{\mathrm{r},x}=\frac{\cos\theta_\mathrm{i}}{Z_1}p_\mathrm{i}-\frac{\cos\theta_\mathrm{r}}{Z_1}p_\mathrm{r},\ v_{2,x}=\frac{\cos\theta_\mathrm{t}}{Z_2}p_\mathrm{t} \tag{2-29}$$

在界面 $x=0$ 处，根据声压与法向质点速度的连续性，整理得到

$$\begin{cases} A_\mathrm{i}\mathrm{e}^{-\mathrm{i}k_1 y\sin\theta_\mathrm{i}}+A_\mathrm{r}\mathrm{e}^{-\mathrm{i}k_1 y\sin\theta_\mathrm{r}}=A_\mathrm{t}\mathrm{e}^{-\mathrm{i}k_2 y\sin\theta_\mathrm{t}} \\ \dfrac{\cos\theta_\mathrm{i}}{Z_1}A_\mathrm{i}\mathrm{e}^{-\mathrm{i}k_1 y\sin\theta_\mathrm{i}}-\dfrac{\cos\theta_\mathrm{r}}{Z_1}A_\mathrm{r}\mathrm{e}^{-\mathrm{i}k_1 y\sin\theta_\mathrm{r}}=\dfrac{\cos\theta_\mathrm{t}}{Z_2}A_\mathrm{t}\mathrm{e}^{-\mathrm{i}k_2 y\sin\theta_\mathrm{t}} \end{cases} \tag{2-30}$$

式（2-30）对界面 $x=0$ 上任意 y 值都成立，必要条件是各项的指数因子均相等，即

$$k_1\sin\theta_\mathrm{i}=k_1\sin\theta_\mathrm{r}=k_2\sin\theta_\mathrm{t} \tag{2-31}$$

求解得到

$$\begin{cases} \theta_\mathrm{i}=\theta_\mathrm{r} \\ \dfrac{\sin\theta_\mathrm{i}}{\sin\theta_\mathrm{t}}=\dfrac{k_2}{k_1}=\dfrac{c_1}{c_2} \end{cases} \tag{2-32}$$

这就是斯奈尔定律。将式（2-31）代入式（2-30）得到声压反射系数

$$r_p=\frac{A_\mathrm{r}}{A_\mathrm{i}}=\frac{\dfrac{Z_2}{\cos\theta_\mathrm{t}}-\dfrac{Z_1}{\cos\theta_\mathrm{i}}}{\dfrac{Z_2}{\cos\theta_\mathrm{t}}+\dfrac{Z_1}{\cos\theta_\mathrm{i}}} \tag{2-33}$$

式中，$\dfrac{Z_1}{\cos\theta_\mathrm{i}}$和$\dfrac{Z_2}{\cos\theta_\mathrm{t}}$分别表示入射声波和透射声波的法向声阻抗率。

因此，斜入射吸声系数为

$$\alpha_\theta=1-\left|\frac{z\cos\theta_\mathrm{i}-\cos\theta_\mathrm{t}}{z\cos\theta_\mathrm{i}+\cos\theta_\mathrm{t}}\right|^2 \tag{2-34}$$

（3）扩散声场吸声系数

扩散声场中，声波携带相同能量以等概率从各个方向入射（图 2-4）。在 θ 和 $\theta+\mathrm{d}\theta$、φ 和 $\varphi+\mathrm{d}\varphi$ 之间的入射声能正比于立体角$\mathrm{d}\Omega=\sin\theta\mathrm{d}\theta\mathrm{d}\varphi$，垂直入射到吸声材料表面的入射声能正比于$\cos\theta\sin\theta\mathrm{d}\theta\mathrm{d}\varphi$。设该方向上材料的吸声系数为$\alpha(\theta,\varphi)$，通过对全部入射方向积分求出总吸收声能，再除以总入射声能，就可以得到扩散声场吸声系数，又称无规入射吸声系数

$$\alpha=\frac{\int_0^{2\pi}\mathrm{d}\varphi\int_0^{\pi/2}\alpha(\theta,\varphi)\cos\theta\sin\theta\mathrm{d}\theta}{\int_0^{2\pi}\mathrm{d}\varphi\int_0^{\pi/2}\cos\theta\sin\theta\mathrm{d}\theta}=\frac{1}{2\pi}\int_0^{2\pi}d\varphi\int_0^{\pi/2}\alpha(\theta,\varphi)\sin 2\theta\mathrm{d}\theta \quad (2\text{-}35)$$

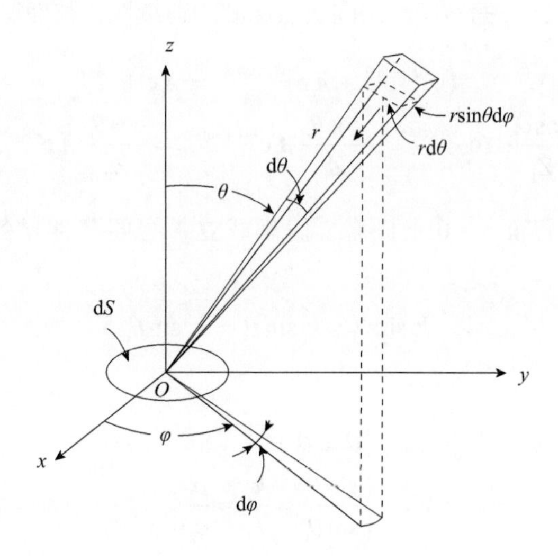

图 2-4　扩散声场声波入射示意图

2.2 管中的声传播

设有一平面波在一截面均匀的管中传播，管末端 $x=l$ 处有一声负载，其表面法向声阻抗率为 Z_{sl}。由于末端的声反射，管中同时存在入射波 p_{i} 与反射波 p_{r}，如图 2-5 所示。入射波与反射波的声压分别表示为

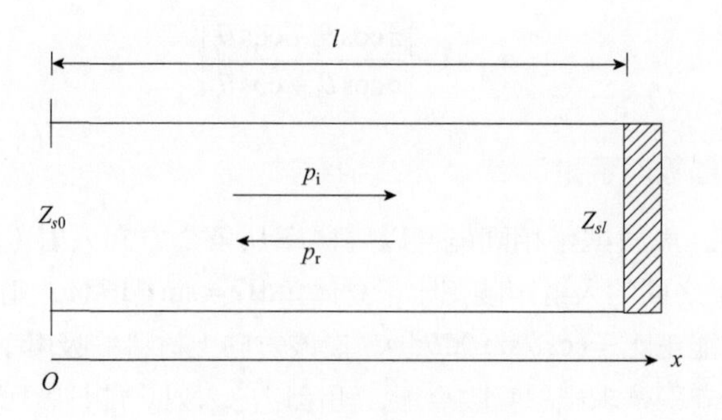

图 2-5　末端带声负载的管中声传播

$$p_{\mathrm{i}} = A_{\mathrm{i}} \mathrm{e}^{\mathrm{i}(\omega t - kx)},\ p_{\mathrm{r}} = A_{\mathrm{r}} \mathrm{e}^{\mathrm{i}(\omega t + kx)} \tag{2-36}$$

其中，反射波p_{r}的产生是由管末端的声学负载引起的，通常情况下它同入射波p_{i}之间不仅幅值大小不同，还存在相位差。

质点速度可写成如下形式：

$$v_{\mathrm{i}} = \frac{A_{\mathrm{i}}}{\rho_0 c_0} \mathrm{e}^{\mathrm{i}(\omega t - kx)},\ v_{\mathrm{r}} = -\frac{A_{\mathrm{r}}}{\rho_0 c_0} \mathrm{e}^{\mathrm{i}(\omega t + kx)} \tag{2-37}$$

在管中任一点的总声压为$p = p_{\mathrm{i}} + p_{\mathrm{r}}$，质点速度为$v = v_{\mathrm{i}} + v_{\mathrm{r}}$，所以管中任一点的声阻抗率为

$$Z_{\mathrm{s}x} = \frac{p}{v} = \rho_0 c_0 \frac{A_{\mathrm{i}} \mathrm{e}^{-\mathrm{i}kx} + A_{\mathrm{r}} \mathrm{e}^{\mathrm{i}kx}}{A_{\mathrm{i}} \mathrm{e}^{-\mathrm{i}kx} - A_{\mathrm{r}} \mathrm{e}^{\mathrm{i}kx}} \tag{2-38}$$

因为已知 $x=l$ 处的声阻抗率为 $Z_{\mathrm{s}l}$，所以

$$Z_{\mathrm{s}l} = \rho_0 c_0 \frac{A_{\mathrm{i}} \mathrm{e}^{-\mathrm{i}kl} + A_{\mathrm{r}} \mathrm{e}^{\mathrm{i}kl}}{A_{\mathrm{i}} \mathrm{e}^{-\mathrm{i}kl} - A_{\mathrm{r}} \mathrm{e}^{\mathrm{i}kl}} \tag{2-39}$$

将 $x=0$ 代入式（2-38）可得管口的声阻抗率

$$Z_{\mathrm{s}0} = \rho_0 c_0 \frac{A_{\mathrm{i}} + A_{\mathrm{r}}}{A_{\mathrm{i}} - A_{\mathrm{r}}} \tag{2-40}$$

联立式（2-39）与式（2-40），得到

$$Z_{\mathrm{s}0} = \rho_0 c_0 \frac{Z_{\mathrm{s}l} + \mathrm{i}\rho_0 c_0 \tan kl}{\mathrm{i}Z_{\mathrm{s}l} \tan kl + \rho_0 c_0} \tag{2-41}$$

在管中，讨论较多的是单位时间内的体积流，即体积速度$U = vS_0$，S_0为管的截面积。定义声阻抗为声场中某截面的声压与流经该截面的体积速度的比值，式（2-41）也可改写为

$$Z_{\mathrm{a}0} = \frac{\rho_0 c_0}{S_0} \times \frac{Z_{\mathrm{a}l} + i\dfrac{\rho_0 c_0}{S_0} \tan kl}{\mathrm{i}Z_{\mathrm{a}l} \tan kl + \dfrac{\rho_0 c_0}{S_0}} \tag{2-42}$$

式中，$Z_{\mathrm{a}l}$为声负载的表面法向声阻抗。

式（2-42）便是声阻抗转移公式，可以看出，管口的声阻抗不仅与管末端的负载阻抗有关，也取决于管的长度。

当管末端为刚性壁面，即 $Z_{\mathrm{a}l}$ 为无限大，根据式（2-42）可以得到 $x=0$ 处的声阻抗为

$$Z_{\mathrm{a}0} = \frac{\rho_0 c_0}{S_0} \times \frac{1}{\mathrm{i} \tan kl} = -\mathrm{i}\frac{\rho_0 c_0}{S_0} \cot kl \tag{2-43}$$

若 l 处的声阻抗率未知，可以测量管中两个间隔一定距离的相同特性传声器的输出，求得两个传声器之间的声传递函数，有效分离入射波和反射波，并由此计算出测试样品的法向声阻抗率，这便是用阻抗管传递函数法（双传声器）测量材料声阻抗率的原理。如图 2-6 所示，阻抗管中平面波声源位于左端，测试样品位于右端。通过测定两个传声器位置之间的入射波的传递函数 H_i、反射波的传递函数 H_r 和总声场的传递函数 H_{12}，计算得到反射系数 r_p，进而计算出法向声阻抗率。

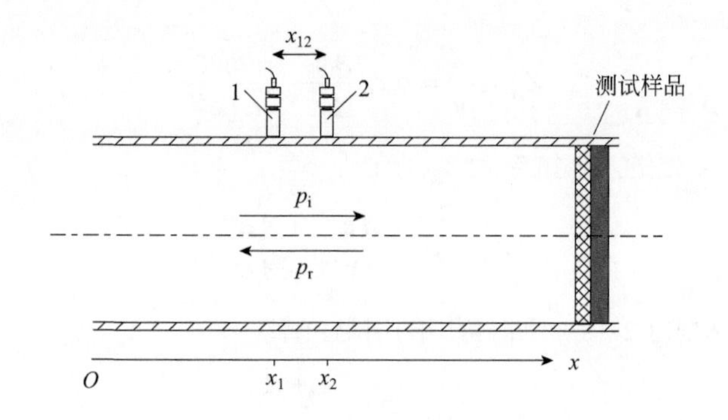

图 2-6　阻抗管传递函数法测试示意图

设入射波声压为 p_i 和反射波声压为 p_r。将两个传声器处的声压 p_1 和 p_2 分别由入射声压 p_i 和反射声压 p_r 表示，即

$$p_1 = p_\mathrm{i}\mathrm{e}^{\mathrm{i}(\omega t - kx_1)} + p_\mathrm{r}\mathrm{e}^{\mathrm{i}(\omega t + kx_1)},\ p_2 = p_\mathrm{i}\mathrm{e}^{\mathrm{i}(\omega t - kx_2)} + p_\mathrm{r}\mathrm{e}^{\mathrm{i}(\omega t + kx_2)} \tag{2-44}$$

入射波的传递函数 H_i 为

$$H_\mathrm{i} = \frac{p_{2\mathrm{i}}}{p_{1\mathrm{i}}} = \mathrm{e}^{-\mathrm{i}k(x_2 - x_1)} = \mathrm{e}^{-\mathrm{i}kx_{12}} \tag{2-45}$$

式中，$x_{12} = x_2 - x_1$，是两个传声器之间的距离。

类似地，反射波的传递函数 H_r 为

$$H_\mathrm{r} = \frac{p_{2\mathrm{r}}}{p_{1\mathrm{r}}} = \mathrm{e}^{\mathrm{i}k(x_2 - x_1)} = \mathrm{e}^{\mathrm{i}kx_{12}} \tag{2-46}$$

注意到$p_\mathrm{r} = r_p p_\mathrm{i}$，总声场的传递函数表示为

$$H_{12} = \frac{p_2}{p_1} = \frac{\mathrm{e}^{-\mathrm{i}kx_2} + r_p\mathrm{e}^{\mathrm{i}kx_2}}{\mathrm{e}^{-\mathrm{i}kx_1} + r_p\mathrm{e}^{\mathrm{i}kx_1}} \tag{2-47}$$

运用式（2-45）、式（2-46）和式（2-47）可得声压反射系数 r_p 为

$$r_p = \frac{H_{12} - H_{\mathrm{i}}}{H_{\mathrm{r}} - H_{12}} \mathrm{e}^{-2\mathrm{i}kx_1} \quad (2\text{-}48)$$

法向声阻抗率 Z_s 表示为

$$Z_s = R_s + \mathrm{j}X_s = \frac{1 + r_p}{1 - r_p} \rho_0 c_0 \quad (2\text{-}49)$$

2.3 亥姆霍兹共鸣器

容积较大的腔体通过短管与外界相连通，便组成了一种简单的声振动系统，即亥姆霍兹共鸣器，如图 2-7 所示。其中，腔体容积为 V_0，短管长度为 h_0，短管截面积为 S_0，短管也称作亥姆霍兹共鸣器的颈。当声波传到共鸣器时，颈中空气柱在声波的压力作用下像活塞一样做往复运动，腔体内的空气对之产生回复力。在声波波长远大于共鸣器几何尺度的情形下，共鸣器内空气振动的动能集中于颈内空气的运动，势能取决于容器内空气的弹性形变。同时，声波进入颈部时，由于颈壁的摩擦阻尼作用，使一部分声能转化为热能而消耗掉。当外来声波频率与共鸣器固有振动频率相同时，就发生了共振，空气柱在颈中的速度最大，摩擦损耗最大，吸收的声能也最多。

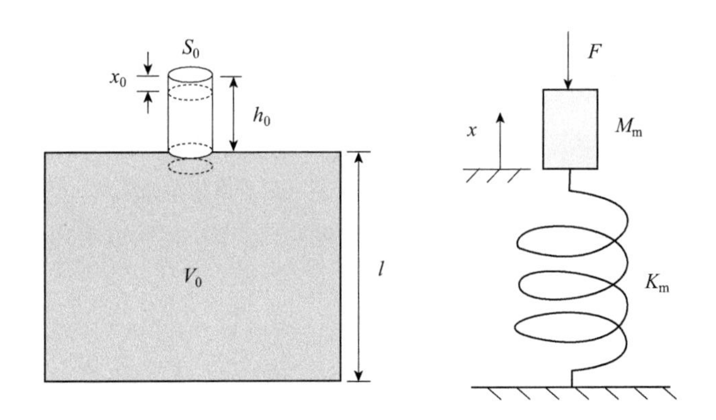

图 2-7　亥姆霍兹共鸣器及其力学等效

由图 2-7 可知，当颈中的空气柱向腔内方向运动时，腔体内的空气压缩，压强增加；而当空气柱向腔外方向运动时，腔内空气膨胀，压强降低。设颈中空气柱发生位移 x_0 时，腔内压强由原来的大气压 P_0 变化为 P，由理想气体绝热状态方程得到 $P(V_0 - S_0 x_0)^{\gamma} = P_0 V_0^{\gamma}$，考虑到空气柱位移很小，$x_0 S_0 << V_0$，可近似求得腔内压强变化量 $p \approx \rho_0 c_0^2 S_0 x_0 / V_0$。空气柱受到腔内逾量压强引起的附加力 $F = -pS_0 = -\rho_0 c_0^2 S_0^2 x_0 / V_0$，相当于一个弹簧产生的回复力，说明腔体内的空气起了

一个弹簧的作用，其弹性系数为$K_m = \rho_0 c_0^2 S_0^2 / V_0$。颈中空气柱的质量为$M_m = \rho_0 h_0 S_0$，它抗拒由于声波作用而引起运动速度的变化，表现出一定的惯性。另外，空气柱做整体振动时，受到管壁的摩擦阻尼作用，对应的力阻为 R_m。因此，可以把亥姆霍兹共鸣器看作是一个集中参数系统，与之对应的振动系统包含质量 M_m、力阻 R_m 和力顺 C_m（弹性系数 K_m 的倒数）。当管口受到简谐声压$p_a e^{i\omega t}$作用时，颈部空气柱的运动方程为

$$M_m \frac{d^2 x}{dt^2} = S_0 p_a e^{i\omega t} - R_m \frac{dx}{dt} - \frac{1}{C_m} x \tag{2-50}$$

对应的声系统方程为

$$M_a \frac{dU}{dt} + R_a U + \frac{1}{C_a} \int U dt = p_a e^{i\omega t} \tag{2-51}$$

式中，U为空气柱的体积速度，$U = S_0\,dx/dt$；$M_a = M_m / S_0^2$，$R_a = R_m / S_0^2$，$C_a = C_m S_0^2$，分别表示为声质量、声阻和声容（或声顺），代入质量 M_m 和力顺 C_m，得到$M_a = \rho_0 h_0 / S_0$，$C_a = V_0 / (\rho_0 c_0^2)$。

2.4 微穿孔板吸声结构

如果腔体通过多个短管与外界相连通，便构成了穿孔板吸声结构，相当于多个亥姆霍兹共鸣器并联作用。一般穿孔板的孔径较大，难以获得足够的声阻和较小的声质量，与空气特性阻抗的匹配较差，因而吸声性能表现一般。减小孔径有利于增加声阻并降低声质量，从而提高吸声系数并拓展吸声带宽，由此导出了微穿孔板的概念。微穿孔板一般是在固体薄板上穿以大量规则排列的孔径小于 1.0mm 的微孔，在板后部设置空腔便形成了微穿孔板吸声结构，如图 2-8 所示。

微穿孔板具备较好的吸声性能，主要是因为其声阻抗与空气特性阻抗匹配较好，理想情况下，相对声阻接近 1，而相对声抗接近 0。微穿孔板的微孔声能耗散主要有两部分：一部分来自孔内效应，由孔内的黏滞摩擦引起，主要发生在黏滞边界层内；另一部分源于末端效应，由声波出入微孔时沿障板流动产生的摩擦损失和末端的声辐射组成，两部分引起的声阻抗共同构成了微穿孔板整体的声阻抗。

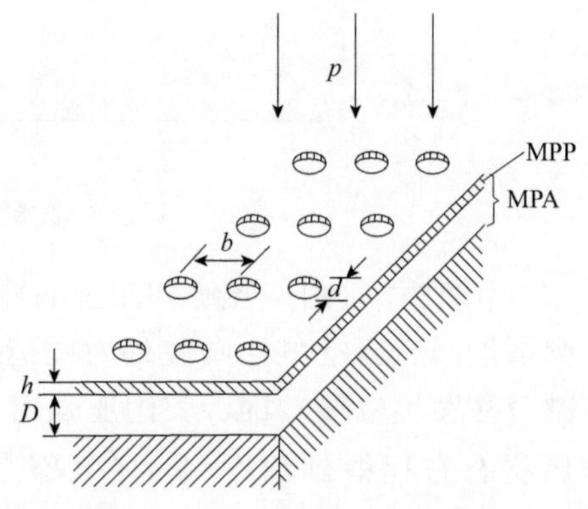

图 2-8 微穿孔板吸声结构示意图

2.4.1 孔内效应

(1)圆形孔

设有一平面声波沿着直径为 d 的圆管的 x 正方向传播。假定管壁是刚性的，管壁附近的介质黏附于管壁，速度为零，而远离管壁的介质受管壁的约束较小，速度较大，于是管中就产生了速度梯度，如图 2-9 所示。圆管内的空气看成由大量厚度极薄的同轴圆柱层形成的，各层介质之间将存在相对运动，每层沿轴向的运动要受其惯性和黏性阻力的限制。设圆管两端间的声压差为 Δp，则运动方程为 [4]

$$\rho_0\frac{\mathrm{d}v}{\mathrm{d}t}-\frac{\eta}{r}\times\frac{\partial}{\partial r}\left(r\frac{\partial}{\partial r}v\right)=\frac{\Delta p}{h} \tag{2-52}$$

式中，h 为孔的长度，对于微穿孔而言，也表示板的厚度(一些文献中也使用符号 t，本书为区别于时间符号均用 h 表示)；η 为空气的剪切黏滞系数；v 为空气沿轴向的质点速度；r 为径向坐标。

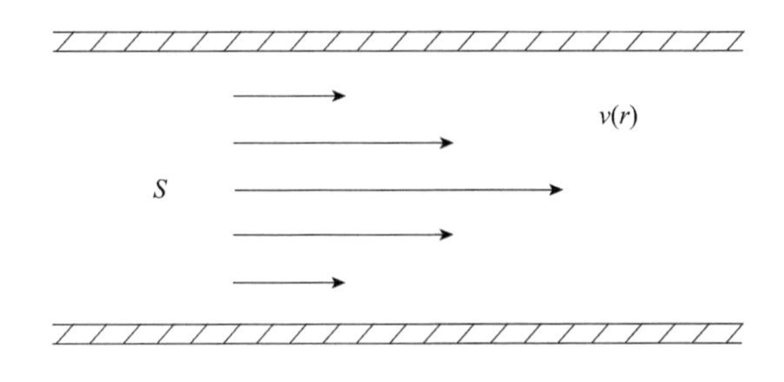

图2-9　速度梯度

管壁上 $r=d/2$ 处速度为零，由式(2-52)可以得到 v 的解为

$$v(r)=\frac{\Delta p}{\mathrm{i}\omega\rho_0 h}\left[1-\frac{\mathrm{J}_0\left(2k_{\mathrm{S}}\sqrt{-\mathrm{i}}\,\frac{r}{d}\right)}{\mathrm{J}_0\left(k_{\mathrm{S}}\sqrt{-\mathrm{i}}\right)}\right] \tag{2-53}$$

式中，J_0 为零阶贝塞尔函数；k_{S} 为穿孔常数(一些文献中也使用符号 k 或 Sh，本书为区别于波数符号，均使用 k_{S} 表示)，正比于半径与黏滞边界层厚度的比值，$k_{\mathrm{S}}=\dfrac{d}{2}\sqrt{\rho_0\omega/\eta}$。

对管截面求平均，得到管中平均速度为

$$\overline{v}=\frac{\int_0^{d/2}8\pi r v(r)\mathrm{d}r}{\pi d^2}=\frac{\Delta p}{\mathrm{i}\omega\rho_0 h}\left[1-\frac{2}{k_{\mathrm{S}}\sqrt{-\mathrm{i}}}\frac{\mathrm{J}_1\left(k_{\mathrm{S}}\sqrt{-\mathrm{i}}\right)}{\mathrm{J}_0\left(k_{\mathrm{S}}\sqrt{-\mathrm{i}}\right)}\right] \tag{2-54}$$

式中，J_1 为一阶贝塞尔函数。

定义传递声阻抗率$Z = \Delta p/\bar{v}$，所以圆管中黏滞效应引起的声阻抗率为

$$Z_{cir} = i\omega\rho_0 h\left[1 - \frac{2}{k_S\sqrt{-i}} \times \frac{J_1\left(k_S\sqrt{-i}\right)}{J_0\left(k_S\sqrt{-i}\right)}\right]^{-1} \tag{2-55}$$

对于孔径小于 1.0mm 的微穿孔板，其穿孔常数 k_S 介于 1 到 10 之间，其声阻抗率可近似表示为 [5-7]

$$Z_{cir} = \frac{32\eta h}{d^2}\sqrt{1 + \frac{k_S^2}{32}} + i\omega\rho_0 h\left(1 + \frac{1}{\sqrt{3^2 + k_S^2/2}}\right) \tag{2-56}$$

该式与式（2-55）符合甚好。从式（2-56）可以看出，孔内声阻抗率与板厚 h 成正比。当 k_S 较小时，声阻率近似与孔径的平方成反比，而声抗率受孔径的影响较小。孔径对声阻和声抗的不同影响效果对于微穿孔板吸声结构的设计至关重要，第 5 章将对此进行详细讨论。

（2）矩形孔

除圆形孔外，微穿孔板还存在其他孔形。当微孔为矩形孔时，如图 2-10(b) 所示，孔内声波的运动方程为

$$\rho_0\frac{dv}{dt} - \eta\left(\frac{\partial^2 v}{\partial x^2} + \frac{\partial^2 v}{\partial y^2}\right) = \frac{\Delta p}{h} \tag{2-57}$$

参考圆形孔，可以计算出矩形孔的孔内黏滞阻尼引起的声阻抗率为 [8, 9]

$$Z_{rec} = \frac{\eta h l_a^2 l_b^2}{64}\left[\sum_{m=0}^{\infty}\sum_{n=0}^{\infty}\frac{1}{\alpha_m^2\beta_n^2\left(\alpha_m^2 + \beta_n^2 + i\rho_0\omega/\eta\right)}\right]^{-1} \tag{2-58}$$

式中，$\alpha_m = (2m+1)\pi/l_a$，$\beta_n = (2n+1)\pi/l_b$，l_a、l_b 为矩形孔的长和宽，m、n 为自然数。

特别地，当矩形孔的长和宽一致时，孔为正方形孔，如图 2-10(c) 所示。孔内黏滞阻尼引起的声阻抗率为

$$Z_{squ} = \frac{\eta h l_{squ}^4}{64}\left[\sum_{m=0}^{\infty}\sum_{n=0}^{\infty}\frac{1}{\alpha_m^2\beta_n^2\left(\alpha_m^2 + \beta_n^2 + i\rho_0\omega/\eta\right)}\right]^{-1} \tag{2-59}$$

式中，$\alpha_m = (2m+1)\pi/l_{squ}$，$\beta_n = (2n+1)\pi/l_{squ}$，$l_{squ}$ 为正方形孔边长。

当矩形孔一边无限长时，孔便成了狭缝，如图 2-10(d) 所示。狭缝内声波的动

量方程为

$$\rho_0 \frac{\mathrm{d}u}{\mathrm{d}t} - \eta \frac{\partial^2 u}{\partial x^2} = \frac{\Delta p}{h} \tag{2-60}$$

狭缝内黏滞阻尼引起的声阻抗率为

$$Z_{\mathrm{sli}} = \mathrm{i}\omega\rho_0 h\left[1 - \frac{1}{k_{\mathrm{S}}\sqrt{\mathrm{i}}}\tanh\left(k_{\mathrm{S}}\sqrt{\mathrm{i}}\right)\right]^{-1} \tag{2-61}$$

式中，$k_{\mathrm{S}} = \frac{l_{\mathrm{sli}}}{2}\sqrt{\rho\omega/\eta}$，$l_{\mathrm{sli}}$ 为缝宽。

k_{S} 在 1 ～ 10 之间取值对于微缝板的设计很重要，其声阻抗率可近似表示为 [10]

$$Z_{\mathrm{sli}} = \frac{12\eta h}{l_{\mathrm{sli}}^2}\sqrt{1 + \frac{k_{\mathrm{S}}^2}{18}} + \mathrm{i}\rho_0\omega h\left(1 + \frac{1}{\sqrt{25 + 2k_{\mathrm{S}}^2}}\right) \tag{2-62}$$

该式与准确式（2-61）符合甚好。

（3）三角形孔

当微孔为等边三角形时，如图 2-10(e) 所示，微孔的声阻抗率为 [8, 9]

$$Z_{\mathrm{tri}} = \mathrm{i}\omega\rho_0 h \frac{\left(k_{\mathrm{S}}\sqrt{\mathrm{i}}\right)^2}{\left(k_{\mathrm{S}}\sqrt{\mathrm{i}}\right)^2 - 3k_{\mathrm{S}}\sqrt{\mathrm{i}}\coth\left(k_{\mathrm{S}}\sqrt{\mathrm{i}}\right) + 3} \tag{2-63}$$

式中，$k_{\mathrm{S}} = \sqrt{\rho_0\omega/\eta}\,\sqrt{3}l_{\mathrm{tri}}/4$，$l_{\mathrm{tri}}$ 为等边三角形孔的边长。

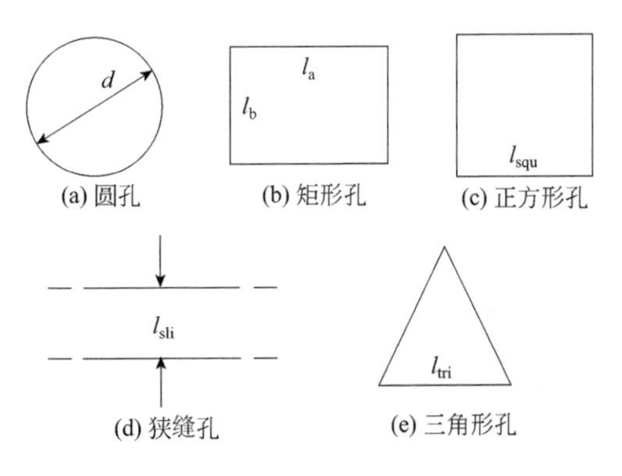

图 2-10　不同微孔形示意图

2.4.2 末端效应

由于空气出入圆管时有一部分沿障板流动产生了摩擦损失，由此导致了声阻末端修正。Ingard[11] 最早提出表面声阻（Surface Resistance）的概念，认为当表面的曲率半径远大于黏性边界层厚度时，表面声阻为振荡流在无限延伸平面上产生的阻抗，定义为

$$R_S = \frac{\sqrt{2\omega\rho_0\eta}}{2} \tag{2-64}$$

可以看出，R_S 主要取决于介质的剪切黏滞系数和频率，与孔本身的尺寸无关。马大猷在早期文献中使用 $2R_S$ 作为微孔单侧的声阻末端修正 [5]，在后续的文章中使用 $0.5R_S$ 以降低高频误差 [7]。

考虑微孔开口形状的影响，Allam 和 Åbom[12] 提出微孔单侧声阻末端修正为

$$R_{ext} = \alpha R_S \tag{2-65}$$

式中，α 为与频率无关的影响因子，当末端为尖锐棱边时，$\alpha=4$，当末端为圆角棱边时，$\alpha=2$。

Rayleigh[13] 认为声抗的末端修正是圆柱形活塞在无限大的平面障板中辐射引起的，并理论推导了微孔单侧声质量末端修正，对应的孔长延伸量为

$$h_{ext} = \frac{8}{3\pi} \times \frac{d}{2} \tag{2-66}$$

Ingard[11] 通过实验证实了声质量末端修正对应的孔长延伸量接近 $0.85d/2$。对于任意截面形状的微孔，Ingard 将其一般化为$0.48\sqrt{S}$ [11]。其中，S 为微孔的截面积。

将孔长延伸量与孔径之比记为 δ，则微孔单侧声抗末端修正可以写作

$$X_{ext} = \mathrm{i}\delta\omega\rho_0\frac{d}{2} \tag{2-67}$$

式中，δ 为常数 $8/(3\pi)$，近似等于 0.85。不难看出，声抗末端修正正比于频率和孔径。

Temiz 等 [14] 通过数值仿真发现 α、δ 与穿孔常数有关，针对尖锐棱边提出了如下经验公式：

$$\begin{aligned} \alpha &= 5.08k_S^{-1.45} + 1.70 \\ \delta &= 0.97\mathrm{e}^{-0.20k_S} + 1.54 \end{aligned} \tag{2-68}$$

式中，k_S 的适用范围为 $1 < k_S < 35$。

从式（2-56）可以看出，当声波频率趋于 0 时，孔内声阻趋于$32\eta h/d^2$。Herdtle 等[15] 通过数值仿真发现，当声波频率趋于 0 时，声阻末端修正并非为 0，而是趋于如下常数：

$$R_{ext0} = \frac{32\eta}{d^2}\beta d \tag{2-69}$$

式中，βd 为末端效应引起的微孔有效孔长延伸量，对仿真数据进行拟合得到 β 为 0.616。当声波频率趋于 0 时，孔内声阻和声阻末端修正之和称为微孔的静态声阻，为$Z_0 = \dfrac{32\eta}{d^2}(h + \beta d)$。

进一步，Herdtle 等 [15] 指出动态声阻抗也可以类似计算，即由单位长度的孔内效应乘以总有效孔长（孔长和末端效应引起的延伸孔长）而得到

$$Z = \frac{h + \beta d}{h} Z_{\text{cir}} \tag{2-70}$$

对于微缝孔，马大猷 [10] 将其近似为椭圆端口，求解其声抗末端修正为

$$X_{\text{ext}} = \mathrm{i}F(e)\omega\rho_0 \frac{l_{\text{sli}}}{2} \tag{2-71}$$

式中，$F(e) = \int_0^{\pi/2} 1\big/\sqrt{1 - e^2 \sin^2 \theta}\, \mathrm{d}\theta$，为全椭圆的积分；$e = \sqrt{1 - \left(l_{\text{sli}} / L_{\text{sli}}\right)^2}$，为椭圆率，$L_{\text{sli}}$ 为微缝的长度。

2.4.3 孔间相互作用

气流通过微孔时，会影响旁边微孔通过的气流。当两孔相距较远时，通过微孔的气流相对独立，各自会发生弯折，并沿着障板逐渐扩散，此时孔间作用较弱；两孔相距较近时，孔间作用较强，通过微孔的气流基本保持原来的方向，声线弯折区域减小，进而影响到单孔的末端质量抗 [16]，如图 2-11 所示。

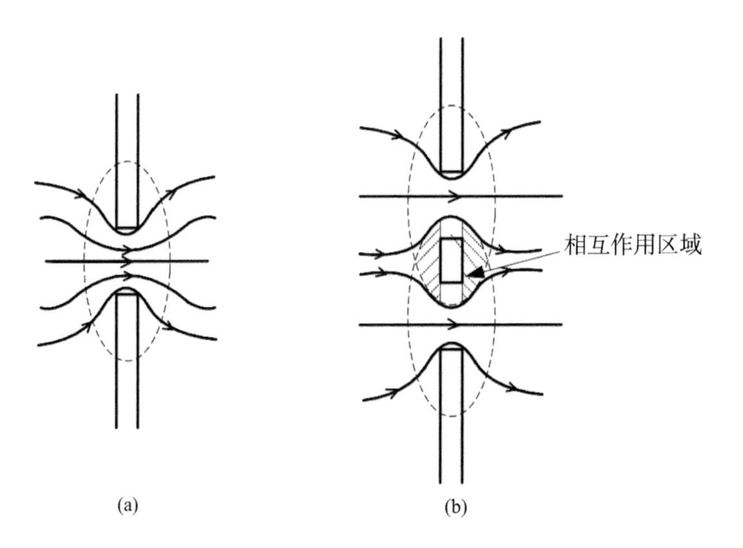

图 2-11　微孔之间相互作用示意图

（1）Fok 函数

Fok[17, 18] 提出无限大薄板上圆孔相互作用引起的附加声质量为 $M=[1/\psi_{\text{Fok}}(\xi)](\rho_0 S^2/d)$，其中，$S$ 为圆孔的面积，$\psi_{\text{Fok}}(\xi)$为表征孔之间相互作用的 Fok 函数。Fok 函数定义如下：

$$\psi_{\text{Fok}}(\xi)=\left(1+x_1\xi+x_2\xi^2+x_3\xi^3+\cdots\right)^{-1} \tag{2-72}$$

式中，$\xi=(\sqrt{\pi}/2)(d/b)$，表示孔面积与孔对应的背腔截面积之比的平方根，即穿孔率的平方根，b 为孔中心之间的距离；x_1=−1.4092，x_2=0，x_3=+0.33818，x_4=0，x_5=+0.06793，x_6=−0.02287，x_7=+0.03015，x_8=−0.01641，x_9=+0.01729，x_{10}=−0.01248，x_{11}=+0.01250，x_{12}=−0.00985。

图 2-12(a) 给出了 Fok 函数与 d/b 的关系曲线。从图中可以看出，d/b<0.2 时，Fok 函数接近于 1；随着 d/b 增加，Fok 函数快速增大。

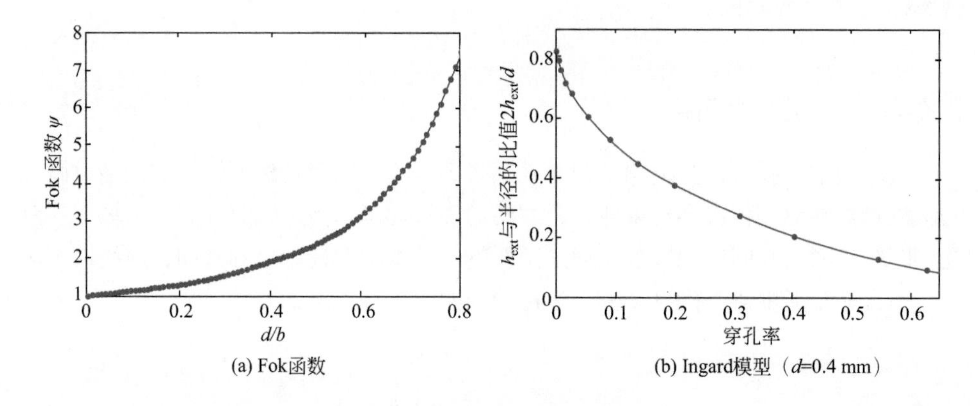

图 2-12　Fok 函数和 Ingard 模型曲线

Fok 函数给出了微孔间相互作用引起的声抗末端修正，并未考虑声阻的末端修正。Melling 指出声阻的修正可以类似考虑，穿孔率较小时，声阻修正可以忽略不计；穿孔率较大时，声阻修正不可忽略。Melling 运用 Fok 函数修正圆孔相互作用引起的声阻抗率为

$$Z_{\text{int}}=\mathrm{i}\omega\rho_0\left(h+\frac{2h_{\text{ext}}}{\psi_{\text{Fok}}(\xi)}\right)\left[1-\frac{2}{k_{\text{S}}\sqrt{-\mathrm{i}}}\times\frac{\mathrm{J}_1\left(k_{\text{S}}\sqrt{-\mathrm{i}}\right)}{\mathrm{J}_0\left(k_{\text{S}}\sqrt{-\mathrm{i}}\right)}\right]^{-1} \tag{2-73}$$

式中，h_{ext}为面板无限延伸时（即不考虑孔间相互作用时）的孔长延伸量 0.85d/2。

（2）Ingard 模型

Ingard 将位于圆形或矩形面板上的圆形或矩形孔等效为活塞，基于活塞表面速

度均匀分布的假设，推导了活塞在不同孔或面板尺寸下的声辐射抗。圆形孔位于方形面板中心位置时的单侧孔长延伸量为[10]

$$h_{\text{ext}}=\frac{2d}{\pi^2\xi}\sum_{m,n}{}' v_{m,n}\frac{\mathrm{J}_1^2\left(\pi\xi\sqrt{m^2+n^2}\right)}{\left(m^2+n^2\right)^{3/2}} \tag{2-74}$$

式中，$\xi=d/L$，d 为圆形孔直径，L 为方形面板边长；求和符号上的一撇表示排除 m=0，n=0 的情形。当 $m\neq 0$ 且 $n\neq 0$ 时，$v_{m,n}$=1；当 m=0，$n\neq 0$ 或 $m\neq 0$，n=0 时，$v_{m,n}$=1/2。

当面板无限延伸时，即 ξ 趋于 0 时，其末端声质量修正为 h_{ext0}=0.85d/2；当圆形孔与面板大小相当时，即 ξ 接近 1 时，其修正为 0。h_{ext} 与半径的比值和穿孔率的关系曲线如图 2-12(b) 所示。

Ingard 认为当 ξ < 0.4，声质量末端修正与 ξ 近似呈线性函数

$$h_{\text{ext}}=0.85d\left(1-1.25\xi\right) \tag{2-75}$$

式（2-75）也可以写作与穿孔率的关系：$h_{\text{ext}}=0.85d\left(1-1.41\sqrt{\phi}\right)$。

Jaouen 等[19]对 Ingard 模型中 0 ～ 1 范围内的 ξ 进行拟合得到

$$h_{\text{ext}}=0.85d\left(1-1.13\xi-0.09\xi^2+0.27\xi^3\right) \tag{2-76}$$

式（2-75）中括号里表示的穿孔率的影响与式（2-72）表示的 Fok 函数的首项基本一致。Randeberg[20]指出孔间相互作用的影响与穿孔率对声阻抗的影响是等同的，孔间相互作用增强意味着孔间距减小，即穿孔率增大。因此，运用 Fok 函数计算孔间相互作用等同于运用 Ingard 模型计算单孔的声抗末端修正项。

2.4.4 吸声结构整体声阻抗

同时考虑孔内效应、末端效应和孔间相互作用可得到单孔的整体声阻抗率。微穿孔板可以看作大量微孔的并联，其声阻抗率为板两侧的声压差与流经板的气流平均速度之比，该速度等于流经单孔的气流平均速度乘以穿孔率。因此，微穿孔板的声阻抗率为单孔的声阻抗率与穿孔率的比值，即

$$Z_{\text{MPP}}=\frac{Z_{\text{int}}+R_{\text{ext}}+\mathrm{i}X_{\text{ext}}}{\phi} \tag{2-77}$$

式中，Z_{int} 表示孔内效应，考虑不同孔形时分别对应 2.4.1 小节中的 Z_{cir}、Z_{rec}、Z_{squ}、Z_{sli}；ϕ 表示穿孔率，即微孔的面积占总面积的比（一些文献中也使用 p 或 σ，本书为区别于声压符号和普朗特数均用 ϕ 表示）。式（2-77）也可表示为声阻和声质量的组合，即

$$Z_{\mathrm{MPP}} = R_{\mathrm{MPP}} + \mathrm{i}\omega M_{\mathrm{MPP}} \tag{2-78}$$

式中，R_{MPP} 和 M_{MPP} 分别表示微穿孔板的声阻和声质量。

在微穿孔板后设置一定深度的空腔便构成了微穿孔板吸声结构，参考式（2-43），空腔的声阻抗率为

$$Z_D = -\mathrm{i}\rho_0 c_0 \cot\frac{\omega D}{c_0} \tag{2-79}$$

式中，D 为空腔深度。

定义微穿孔板的相对声阻抗为 $z_{\mathrm{MPP}} = Z_{\mathrm{MPP}}/(\rho_0 c_0)$，空腔的相对声阻抗为 $z_{\mathrm{D}} = Z_{\mathrm{D}}/(\rho_0 c_0)$。在声波法向入射作用下，微穿孔板吸声结构的法向吸声系数为

$$\alpha = \frac{4\,\mathrm{Re}(z_{\mathrm{MPP}})}{[\mathrm{Re}(z_{\mathrm{MPP}})+1]^2 + [\mathrm{Im}(z_{\mathrm{MPP}})+\mathrm{Im}(z_{\mathrm{D}})]^2} \tag{2-80}$$

当声波与法线成 θ 角斜入射时，由于受到微孔壁面约束，孔内的空气振动沿着孔的轴向，声波在孔内沿着厚度方向呈一维传播，微穿孔板本身是“局部反应”的，其法向声阻抗率基本上不随声波入射方向而改变。

但声波在空腔中的传播则不同，根据惠更斯原理，透过微孔的声波会沿着与入射波相同的方向继续传播，遇到背腔壁面后，反射回到微穿孔板面，与入射波相加形成半驻波。此时，空腔内的反射波与入射波的行程差为 $2D\cos\theta$。结合 2.1.3 节和 2.2 节可以确定空腔在斜入射时的法向声阻抗率为

$$Z_{D,\theta} = -\frac{\mathrm{i}\rho_0 c_0}{\cos\theta}\cot\left(\omega D\cos\theta/c_0\right) \tag{2-81}$$

在声波斜入射作用下，微穿孔板吸声结构的斜入射吸声系数为

$$\alpha_\theta = \frac{4\,\mathrm{Re}(z_{\mathrm{MPP}})\cos\theta}{[\mathrm{Re}(z_{\mathrm{MPP}})\cos\theta+1]^2 + [\mathrm{Im}(z_{\mathrm{MPP}})\cos\theta - \cot(\omega D\cos\theta/c_0)]^2} \tag{2-82}$$

在扩散声场作用下，微穿孔板吸声结构的无规入射吸声系数为

$$\alpha = \int_0^{\pi/2} \frac{4\,\mathrm{Re}(z_{\mathrm{MPP}})\cos\theta\sin 2\theta}{[\mathrm{Re}(z_{\mathrm{MPP}})\cos\theta+1]^2 + [\mathrm{Im}(z_{\mathrm{MPP}})\cos\theta - \cot(\omega D\cos\theta/c_0)]^2}\,\mathrm{d}\theta \tag{2-83}$$

2.5 微穿孔板结构的建模方法

2.5.1 等效电路法

2.3 节介绍了一种声振动系统——亥姆霍兹共鸣器，将其看作振动系统时，系统主要变量为力 F_{m}、速度 u、力阻 R_{m}、质量 M_{m} 和力顺 C_{m}；将其看作声系统时，系

统主要变量为声压 p、体积速度 U、声阻 R_a、声质量 M_a 和声容 C_a。电路系统中主要变量是电压 E、电流 I、电阻 R_e、电感 L_e 和电容 C_e。从数学角度看，式（2-51）与电路系统的微分方程式具有形式上的相似性，表明声系统与电路系统之间存在一种类比关系：p-E、U-I、M_a-L_e、C_a-C_e、R_a-R_e，这种类比关系在一定程度上反映了物理上的共同规律。求解式（2-51），可以得到$U = p/Z_a$，其中$Z_a = R_a + \mathrm{i}\left(\omega M_a - 1/\omega C_a\right)$为声阻抗，其中声阻抗 Z_a 类比于电阻抗 Z_e。

在电路、振动和声系统中，基本元件的对应关系为：①阻性元件，电阻 R_e，$E=IR_e$；力阻 R_m，$F_m=R_m u$；声阻 R_a，$p=R_a U$。②感性或惯性元件，电感 L_e，$E = L_e \mathrm{d}I/\mathrm{d}t$；质量 M_m，$F_m = M_m \mathrm{d}u/\mathrm{d}t$；声质量 M_a，$p = M_a \mathrm{d}U/\mathrm{d}t$。③容性或顺性元件，电容 C_e，$E = \int I/C_e\,\mathrm{d}t$；力顺 C_m，$F_m = \int u/C_m\,\mathrm{d}t$；声顺 C_a，$p = \int U/C_a\,\mathrm{d}t$。

声阻既包含能量在系统内的损耗，这与力阻和电阻作用类似，又包含声能从一个位置向另一个位置的转移；声质量表示由于惯性对体积速度的变化起反抗作用的声学元件，以亥姆霍兹共鸣器为例，其颈中空气柱质量决定了声质量的大小，与电感和质量一样也是反映了系统的惯性；声容表示由于气体的弹性对声压的变化起反抗作用的声学元件，与电容和力顺一样也反映了系统具有储存能量的本领；声压 p 则与电源电动势 E、外力 F 一样都是使系统产生运动的外因；体积速度 U 则与电流 I、速度 u 一样都是流经各元件的通量。

在研究集总参数的声学系统时，可以借鉴熟知的电路系统进行类比，从而简化具体分析过程。而在画类比的等效电路图时，声阻 R_a 借用电阻的符号—⋀⋀⋀—，声质量 M_a 借用电感的符号⌒⌒⌒—，声容 C_a 借用电容的符号⊥，总声压借用恒压源的符号⏀。流经各元件的是体积速度 U。利用声电类比，可以快速作出亥姆霍兹共鸣器的等效电路图，如图 2-13(a) 所示。

对于微穿孔板吸声结构，也可类似画出等效电路图，如图 2-13(b) 所示。与亥姆霍兹共鸣器不同的是，其源强是微穿孔板表面上的受挡声压 $2p$，同时还需考虑声波向外辐射时的空气负载阻抗 $\rho_0 c_0$。

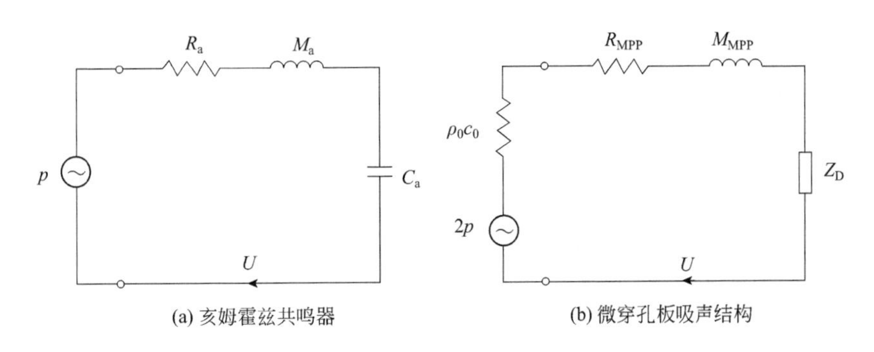

(a) 亥姆霍兹共鸣器　　(b) 微穿孔板吸声结构

图 2-13　等效电路图

根据电路图，可以直接写出微穿孔板吸声结构的声阻抗率为

$$Z_{\mathrm{MPA}} = R_{\mathrm{MPP}} + \mathrm{i}\omega M_{\mathrm{MPP}} + Z_{\mathrm{D}} \tag{2-84}$$

当背腔深度较大或频率较高时，背腔深度与声波波长相当，此时不能简单地将空腔视为“集总”元件，而应该将其看作具有分布参数的元件，其等效电路可以用T型网络表示[21, 22]，如图2-14所示。其中

$$\begin{cases} Z_\alpha = \mathrm{i}\dfrac{\rho_0 c_0}{\cos\theta} \times \dfrac{1-\cos(kD\cos\theta)}{\sin(kD\cos\theta)} \\ Z_\beta = -\mathrm{i}\dfrac{\rho_0 c_0}{\cos\theta} \times \dfrac{1}{\sin(kD\cos\theta)} \end{cases} \tag{2-85}$$

当背腔后端为刚性壁面时，T型网络右端处于开路，背腔的声阻抗率为 $Z_{\mathrm{D}} = Z_\alpha + Z_\beta = -\mathrm{i}\dfrac{\rho_0 c_0}{\cos\theta}\cot(kD\cos\theta)$；当声波法向入射时，$\theta$为零，$Z_{\mathrm{D}} = -\mathrm{i}\rho_0 c_0 \cot(kD)$。而对于多层微穿孔板或微穿孔板与其他结构复合，背腔的声阻抗应按T型网络进行计算。

上述讨论均假设板是刚性的。当研究弹性薄板时，需考虑板振动的影响。对于无限大自由振动的薄板，其附加的声阻抗率为[22]

$$Z_{\mathrm{mech}} = \mathrm{i}\omega m - \mathrm{i}\frac{D' k^4 \sin^4\theta}{\omega} \tag{2-86}$$

式中，m为薄板的面密度；D'为弯曲刚度，$D' = Eh^3/12(1-\nu^2)$，E和ν分别为板的杨氏模量和泊松比。

考虑板振动影响时，微穿孔板的声阻抗相当于微孔的声阻抗并联板的机械阻抗，等效电路图如图2-15所示。

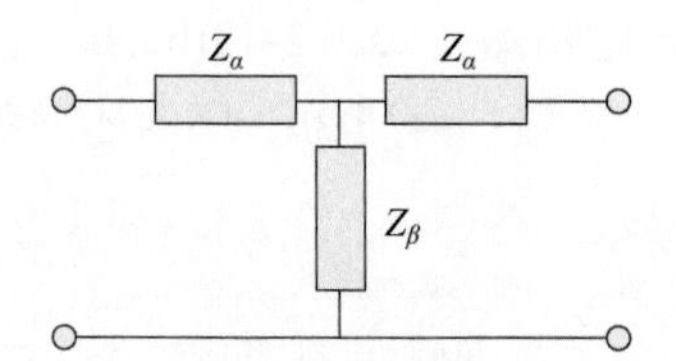

图2-14　背腔看作分布参数系统时的T型电路图

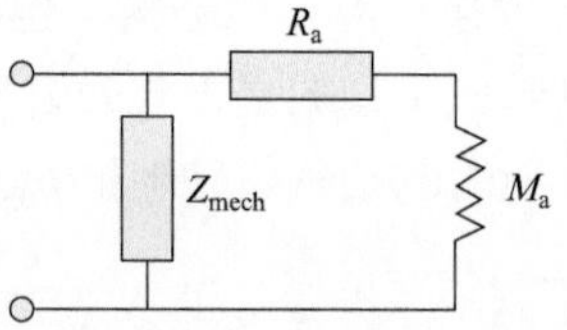

图2-15　考虑板振动时微穿孔板的等效电路图

2.5.2　等效流体法

微穿孔板也可视为一种刚性骨架多孔介质，其特性阻抗可通过等效流体的复等效密度$\tilde{\rho}_{\mathrm{eq}}$和复等效弹性模量$\tilde{K}_{\mathrm{eq}}$表示为[23]：

$$Z_{\mathrm{eq}} = \sqrt{\tilde{\rho}_{\mathrm{eq}} \tilde{K}_{\mathrm{eq}}} \tag{2-87}$$

复等效密度[24]可通过如下计算得到：

$$\tilde{\rho}_{\rm eq}=\frac{\rho_0\alpha_\infty}{\phi}\left(1+\frac{R_{\rm f}\phi}{{\rm i}\omega\rho_0\alpha_\infty}\sqrt{1+{\rm i}\frac{4\omega\rho_0\alpha_\infty^2\eta}{R_{\rm f}^2\phi^2\Lambda^2}}\right) \tag{2-88}$$

式中，$R_{\rm f}$ 表示静态流阻，即频率趋于零时的声阻，可参考式（2-56）计算得到圆孔的静态流阻，$R_{\rm f}=32\eta/(\phi d^2)$；$\alpha_\infty$表示曲折因子，一般通过式$\alpha_\infty=1+2h_{\rm ext}/h$进行计算，其中$h_{\rm ext}$为考虑孔间相互作用的单侧孔长末端修正量，可参考2.4.3节得出；Λ 表示黏性特征长度，对于直通圆孔，黏性特征长度 Λ 等于孔的半径 r。

复等效密度$\tilde{\rho}_{\rm eq}$的高频极限为

$$\tilde{\rho}_{\rm eq}=\frac{\rho_0\alpha_\infty}{\phi}\left(1+\frac{\delta_{\rm v}}{\Lambda}\right)-{\rm i}\frac{\rho_0\alpha_\infty}{\phi}\times\frac{\delta_{\rm v}}{\Lambda} \tag{2-89}$$

式中，$\delta_{\rm v}$ 表示黏滞边界层厚度，$\delta_{\rm v}=\sqrt{2\eta/(\rho_0\omega)}$。

复等效密度$\tilde{\rho}_{\rm eq}$的低频极限为

$$\tilde{\rho}_{\rm eq}=\frac{\rho_0\alpha_\infty}{\phi}\left(1+\frac{2\alpha_\infty\eta}{R_{\rm f}\Lambda^2\phi}\right)-{\rm i}\frac{R_{\rm f}}{\omega} \tag{2-90}$$

复等效弹性模量计算如下：

$$\tilde{K}_{\rm eq}=\frac{\gamma P_0/\phi}{\gamma-(\gamma-1)\left[1-{\rm i}\frac{8\kappa}{\Lambda'^2C_{\rm p}\omega\rho_0}\sqrt{1+{\rm i}\frac{\Lambda'^2C_{\rm p}\omega\rho_0}{16\kappa}}\right]^{-1}} \tag{2-91}$$

式中，Λ'表示热特征长度；$C_{\rm p}$ 为等压比热容；κ 为热导率。

2.5.3　传递矩阵法

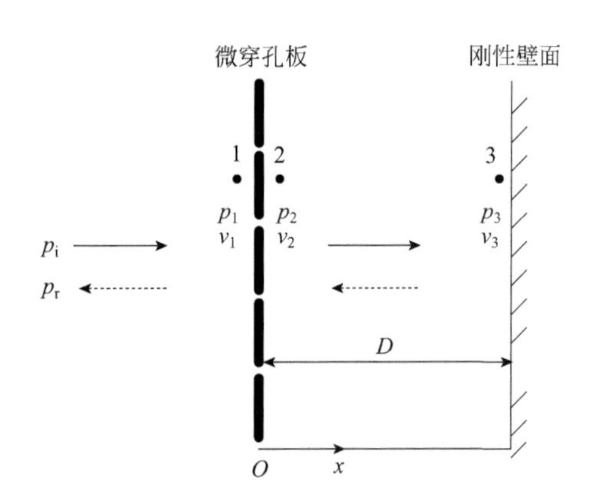

图 2-16　单层微穿孔板吸声体结构

考虑单层微穿孔板吸声结构，板后空腔深度为 D，如图 2-16 所示，假设一平面波入射，在入射面（表面 1）处的声压为 p_1，质点速度为 v_1；透射面（表面 2）处的声压为 p_2，质点速度为 v_2；刚性壁面处（表面 3）的声压为 p_3，质点速度为 v_3。

根据前面介绍的平面波理论，2、3 点处的声压表示为

$$\begin{cases}p_2=A{\rm e}^{{\rm i}\omega t}+B{\rm e}^{{\rm i}\omega t}\\ p_3=A{\rm e}^{{\rm i}(\omega t-kD)}+B{\rm e}^{{\rm i}(\omega t+kD)}\end{cases} \tag{2-92}$$

式中，A 和 B 分别表示朝 x 正方向和负方向传播的声波的幅值。

两点处的质点速度分别为

$$\begin{cases} v_2 = \dfrac{A}{\rho_0 c_0} e^{i\omega t} - \dfrac{B}{\rho_0 c_0} e^{i\omega t} \\ v_3 = \dfrac{A}{\rho_0 c_0} e^{i(\omega t - kD)} - \dfrac{B}{\rho_0 c_0} e^{i(\omega t + kD)} \end{cases} \tag{2-93}$$

2 点处的声压和速度可以由 3 点处的声压和速度表示

$$\begin{bmatrix} p_2 \\ v_2 \end{bmatrix} = T_1 \begin{bmatrix} p_3 \\ v_3 \end{bmatrix} \tag{2-94}$$

由式（2-92）和式（2-93）可以确定 $\boldsymbol{T}_1$ 为

$$\boldsymbol{T}_1 = \begin{bmatrix} \cos kD & i\rho_0 c_0 \sin kD \\ i\sin kD / \rho_0 c_0 & \cos kD \end{bmatrix} \tag{2-95}$$

由于微孔两端的声波是体积速度连续的，且微孔是等截面的，因此 $v_1 = v_2$。微穿孔板的声阻抗率 Z_{MPP} 可表示为

$$Z_{\text{MPP}} = \frac{p_1 - p_2}{v_1} = \frac{p_1 - p_2}{v_2} \tag{2-96}$$

由此可将1点处的声压和速度用2点处的声压和速度表示为

$$\begin{bmatrix} p_1 \\ v_1 \end{bmatrix} = \boldsymbol{T}_2 \begin{bmatrix} p_2 \\ v_2 \end{bmatrix} \tag{2-97}$$

其中，由式（2-96）可以确定$\boldsymbol{T}_2$为

$$\boldsymbol{T}_2 = \begin{bmatrix} 1 & Z_{\text{MPP}} \\ 0 & 1 \end{bmatrix} \tag{2-98}$$

若微穿孔板的声阻抗由等效流体法计算得到，则

$$\boldsymbol{T}_2 = \begin{bmatrix} \cos \tilde{k}h & i\omega\tilde{\rho}_{\text{eq}} \sin \tilde{k}h / \tilde{k} \\ i\tilde{k} \sin \tilde{k}h / (\omega\tilde{\rho}_{\text{eq}}) & \cos \tilde{k}h \end{bmatrix} \tag{2-99}$$

式中，$\tilde{k}$为复等效弹性波数，$\tilde{k} = \omega\sqrt{\tilde{\rho}_{\text{eq}} / \tilde{K}_{\text{eq}}}$。

联立式（2-95）和式（2-98），得到

$$\begin{bmatrix} p_1 \\ v_1 \end{bmatrix} = \boldsymbol{T}_2 \boldsymbol{T}_1 \begin{bmatrix} p_3 \\ v_3 \end{bmatrix} = \begin{bmatrix} 1 & Z_{\text{MPP}} \\ 0 & 1 \end{bmatrix} \begin{bmatrix} \cos kD & i\rho_0 c_0 \sin kD \\ i\sin kD / \rho_0 c_0 & \cos kD \end{bmatrix} \begin{bmatrix} p_3 \\ v_3 \end{bmatrix} \tag{2-100}$$

由于 $x=D$ 处的边界条件为刚性壁面，其表面质点速度 $v_3=0$。从式（2-100）可以看出，在微穿孔板背后空腔 D 确定以后，我们只要预先知道微穿孔板声阻抗率就可以确定表面声阻抗率

$$Z_1=\frac{p_1}{v_1}=Z_{\text{MPP}}-\mathrm{i}\rho_0 c_0 \cot kD \tag{2-101}$$

式（2-101）给出的表面声阻抗率与等效电路法计算结果一致。

参考文献

[1] Pierce A D. Acoustics: An Introduction to Its Physical Principles and Applications. Third edition[M]. Switzerland: Springer Nature Switzerland AG, 2019.
[2] 杜功焕，朱哲民，龚秀芬．声学基础 [M]. 南京：南京大学出版社，2012.
[3] Allard J F, Atalla N. Propagation of Sound in Porous Media[M]. West Sussex: John Wiley & Sons, 2009.
[4] Crandall I B. Theory of Vibrating Systems and Sound [M]. New York: Van Nostrand, 1926.
[5] 马大猷．微穿孔板吸声结构的理论和设计 [J]. 中国科学，1975, 18(1): 38-50.
[6] Maa D Y. Microperforated-panel wideband absorbers[J]. Noise Control Engineering Journal, 1987, 29(3): 77-84.
[7] Maa D Y. Potential of microperforated panel absorber[J]. Journal of the Acoustical Society of America, 1998, 104(5): 2861-2866.
[8] Stinson M R. The propagation of plane sound waves in narrow and wide circular tubes, and generalization to uniform tubes of arbitrary cross-sectional shape[J]. Journal of the Acoustical Society of America, 1991, 89(2): 550-558.
[9] Stinson M R, Champoux Y. Propagation of sound and the assignment of shape factors in model porous materials having simple pore geometries[J]. Journal of the Acoustical Society of America, 1992, 91(2): 685–695.
[10] 马大猷．微缝吸声体理论 [J]. 声学学报，2000, 25(6): 481-485.
[11] Ingard U. On the theory and design of acoustic resonators[J]. Journal of the Acoustical Society of America, 1953, 25(6):1037-1061.
[12] Allam S, Åbom M. A new type of muffler based on microperforated tubes[J]. Journal of Vibration and Acoustics, 2011, 113(3), 031005.
[13] Rayleigh J W S. The Theory of Sound [M]. 2nd ed. New York: Dover, 1945.
[14] Temiz M A, Arteaga I L, Efraimsson G, Åbom M, Hirschberg A. The influence of edge geometry on end-correction coefficients in micro perforated plates[J]. Journal of the Acoustical Society of America, 2015, 138(6): 3668-3677.
[15] Herdtle T, Bolton J S, Kim N N, Alexander J H, Gerdes R W. Transfer impedance of microperforated materials with tapered holes[J]. Journal of the Acoustical Society of America, 2013, 134(6): 4752–4762.
[16] Melling T H. The acoustic Impedance of perforates at medium and high sound pressure level [J]. Journal of Sound and Vibration, 1973, 29(1): 1-65.
[17] Rzhevkin S N. A Course of Lectures on the Theory of Sound [M]. London: Pergamon Press, 1963.
[18] Fok V A. Teoreticheskoe issledovanie provodimosti kruglogo otverstiya vperegorodke, postavlennoi poperek truby. In English: Theoretical research of the conductivity of a circular aperture in a partition across a pipe [J]. Doklady akademii nauk SSSR, 1941, 31(9): 875-882.
[19] Jaouen L, Bécot F X. Acoustical characterization of perforated facings [J]. Journal of the Acoustical Society of America, 2011, 129(3): 1400-1406.
[20] Randeberg R T. Perforated panel absorbers with viscous energy dissipation enhanced by orifice design [D]. Trondheim: Norwegian University of Science and Technology, 2000.

[21] Pieren R, Heutschi K. Modelling parallel assemblies of porous materials using the equivalent circuit method [J]. JASA Express Letters, 2015, 137(2): EL131-EL136.
[22] Pieren R, Heutschi K. Predicting sound absorption coefficients of lightweight multilayer curtains using the equivalent circuit method [J]. Applied Acoustics, 2015, 92: 27-41.
[23] Atalla N, Sgard F. Modeling of perforated plates and screens using rigid frame porous models [J]. Journal of Sound and Vibration, 2007, 303: 195-208.
[24] Ruiz H, Cobo P, Dupont T, Martin B, Leclaire P. Acoustic properties of plates with unevenly distributed macroperforations backed by woven meshes[J]. Journal of the Acoustical Society of America, 2012, 132(5): 3138-3147.

Chapter 3

第 3 章 微穿孔板的黏热模型

经典微穿孔板理论认为声阻末端修正源于表面阻抗，但这一认识并没有从理论上被直接证明。近年来研究发现，考虑开口形状、穿孔常数和声波频率的经验模型与实验数据比较吻合，但它们涉及的修正系数形式仍比较复杂，且无法有效解释微穿孔板中真实的能量耗散机制。因此，有必要检验微穿孔板声阻抗末端修正模型的合理性。本章将运用黏热理论对微孔内外的声波传播过程进行建模，并由此建立准确的微穿孔板阻抗模型。

3.1 黏热基本方程

考虑黏热效应后描述声波传播过程的基本方程包括：

① 纳维 - 斯托克斯方程

$$\rho\frac{\mathrm{d}\boldsymbol{v}}{\mathrm{d}t}=-\nabla p+\left(\frac{4\eta}{3}+\mu_{\mathrm{B}}\right)\nabla(\nabla\cdot\boldsymbol{v})-\eta\nabla\times\nabla\times\boldsymbol{v} \tag{3-1}$$

式中，等号左边表示惯性力作用，等号右边第一项表示压力梯度作用，第二项和第三项表示黏性力作用；μ_{B} 为体积黏性系数。

在不考虑流体黏性的影响时，式（3-1）简化为$\rho\,\mathrm{d}\boldsymbol{v}/\mathrm{d}t=-\nabla p$，与式（2-8）表示的声波运动方程一致。

② 连续性方程

连续性方程与式（2-3）一致，为

$$\frac{\partial\rho}{\partial t}+\nabla\cdot(\rho\boldsymbol{v})=0 \tag{3-2}$$

③ 物态方程

对于一定质量的理想气体，其状态方程为

$$P=\rho R_{\mathrm{g}}T \tag{3-3}$$

式中，T 为声扰动后气体的温度；R_{g} 为气体常数。

④ 能量方程

$$\kappa\nabla^2T=\rho C_{\mathrm{p}}\frac{\partial T}{\partial t}-\frac{\partial P}{\partial t} \tag{3-4}$$

式中，C_{p} 为等压比热容；$\boldsymbol{\kappa}$ 为热导率。

对于小振幅简谐波扰动问题，速度 $\boldsymbol{v}$、压强 P、温度 T 和密度 ρ 的无量纲形式分别为

$$\begin{cases}\boldsymbol{v}=c_0\bar{\boldsymbol{v}}\mathrm{e}^{\mathrm{i}\omega t}\\ P=P_0(1+\bar{p}\mathrm{e}^{\mathrm{i}\omega t})\\ T=T_0(1+\bar{T}\mathrm{e}^{\mathrm{i}\omega t})\\ \rho=\rho_0(1+\bar{\rho}\mathrm{e}^{\mathrm{i}\omega t})\end{cases} \tag{3-5}$$

式中，所有带¯的变量均为无量纲数。对梯度算子和拉普拉斯算子分别用长度尺度 l 进行无量纲化处理

$$\bar{\nabla}=l\nabla,\ \bar{\Delta}=l^2\Delta \tag{3-6}$$

将式（3-5）和式（3-6）代入纳维 - 斯托克斯方程、连续性方程、理想气体状态方程和能量方程，得到线性无量纲形式，分别如下[1, 2]：

$$\begin{cases} i\bar{\boldsymbol{v}} = -\dfrac{1}{k\gamma}\bar{\nabla}\bar{p} + \dfrac{1}{s^2}\left(\dfrac{4}{3}+\zeta\right)\bar{\nabla}\left(\bar{\nabla}\bullet\bar{\boldsymbol{v}}\right) - \dfrac{1}{s^2}\bar{\nabla}\times\bar{\nabla}\times\bar{\boldsymbol{v}} \\ \bar{\nabla}\bullet\bar{\boldsymbol{v}} + \mathrm{i}\bar{k}\bar{\rho} = 0 \\ \bar{p} = \bar{\rho} + \bar{T} \\ \mathrm{i}\bar{T} = \dfrac{1}{s^2\sigma^2}\bar{\Delta}\bar{T} + \mathrm{i}\dfrac{\gamma-1}{\gamma}\bar{p} \end{cases} \quad (3\text{-}7)$$

式中，ζ表示传播介质的体积黏性系数与剪切黏性系数之比，$\zeta=\mu_{\mathrm{B}}/\eta$；$s$ 表示剪切波数，$s=l\sqrt{\rho_0\omega/\eta}$；$\bar{k}$表示约化频率（Reduced Frequency），$\bar{k}=\omega l/c_0$；γ 表示比热容比，$\gamma=C_{\mathrm{p}}/C_{\mathrm{v}}$，$C_{\mathrm{v}}$ 为定容比热容；σ 为普朗特数的平方根，$\sigma=\sqrt{\eta C_{\mathrm{p}}/\kappa}$。

上述方程表明，声波的黏热传播由上述无量纲参数决定，参数 γ、σ 仅取决于气体材料特性，剪切波数 s 表征气体中惯性作用与黏性作用之比，约化频率$\bar{k}$表征长度和声波波长之比。对于具有无量纲半径$\bar{R}$的微孔，$s\bar{R}$则表示特征长度与边界层厚度之比，也就是第 2 章提到的穿孔常数。

3.2 线性化黏热模型求解

根据亥姆霍兹分解定理，速度$\bar{\boldsymbol{v}}$被分成无旋场 $\boldsymbol{v}_l$ 和无散场 $\boldsymbol{v}_v$：

$$\bar{\boldsymbol{v}} = \boldsymbol{v}_l + \boldsymbol{v}_v \quad (3\text{-}8)$$

其中，$\bar{\nabla}\times\boldsymbol{v}_l=0$，$\bar{\nabla}\bullet\boldsymbol{v}_v=0$。$\boldsymbol{v}_v$由黏性作用引起，并与温度场和压力场解耦。

将式（3-8）代入基本方程式（3-7），并运用$\bar{\nabla}\times\left(\bar{\nabla}\times\boldsymbol{v}_v\right)=\bar{\nabla}\left(\bar{\nabla}\bullet\boldsymbol{v}_v\right)-\bar{\Delta}\boldsymbol{v}_v=-\bar{\Delta}\boldsymbol{v}_v$，得到

$$\begin{cases} \mathrm{i}\boldsymbol{v}_l - \dfrac{1}{s^2}\left(\dfrac{4}{3}+\zeta\right)\bar{\Delta}\boldsymbol{v}_l = -\dfrac{1}{\bar{k}\gamma}\bar{\nabla}\bar{p} \\ \mathrm{i}\boldsymbol{v}_v - \dfrac{1}{s^2}\bar{\Delta}\boldsymbol{v}_v = 0 \\ \bar{\nabla}\bullet\bar{\boldsymbol{v}} + \mathrm{i}\bar{k}\bar{\rho} = 0,\ \bar{p} = \bar{\rho} + \bar{T} \\ \mathrm{i}\bar{T} = \dfrac{1}{s^2\sigma^2}\bar{\Delta}\bar{T} + \mathrm{i}\dfrac{\gamma-1}{\gamma}\bar{p} \end{cases} \quad (3\text{-}9)$$

经过一些代数运算之后，式（3-9）可以推导出温度扰动$\bar{T}$的方程

$$\frac{\mathrm{i}}{s^2\sigma^2}\left[1+\frac{\mathrm{i}\gamma\bar{k}^2}{s^2}\left(\frac{4}{3}+\zeta\right)\right]\bar{\Delta}\bar{\Delta}\bar{T} + \left[1+\frac{\mathrm{i}\bar{k}^2}{s^2}\left(\frac{4}{3}+\zeta\right)+\frac{\gamma}{\sigma^2}\right]\bar{\Delta}\bar{T} + \bar{k}^2\bar{T} = 0 \quad (3\text{-}10)$$

式（3-10）可以分解为如下形式[3]：

$$(\bar{\Delta}+k_{\mathrm{a}}^2)(\bar{\Delta}+k_{\mathrm{h}}^2)\bar{T} = 0 \quad (3\text{-}11)$$

式中，k_a、k_h 分别表示声波和熵波的波数：

$$k_a^2=\frac{2\bar{k}^2}{C_1+\sqrt{C_1^2-4C_2}},\ k_h^2=\frac{2\bar{k}^2}{C_1-\sqrt{C_1^2-4C_2}} \tag{3-12}$$

其中，

$$C_1=1+\frac{\mathrm{i}\bar{k}^2}{s^2}\left(\frac{4}{3}+\zeta+\frac{\gamma}{\sigma^2}\right),\ C_2=\frac{\mathrm{i}\bar{k}^2}{s^2\sigma^2}\left(1+\frac{\mathrm{i}\gamma\bar{k}^2}{s^2}\left(\frac{4}{3}+\zeta\right)\right) \tag{3-13}$$

对于微孔而言，边界层厚度远小于声波波长，即$\bar{k}<<s$。对式（3-12）中的分母以$\bar{k}/s$进行级数展开，简化得到

$$\begin{cases}k_a^2=\dfrac{\bar{k}^2}{\left[1+\mathrm{i}\left(\dfrac{\bar{k}}{s}\right)^2\left(\dfrac{4}{3}+\zeta+\dfrac{\gamma-1}{\sigma^2}\right)-\left(\dfrac{\bar{k}}{s}\right)^4\dfrac{\gamma-1}{\sigma^2}\left(\dfrac{1}{\sigma^2}-\left(\dfrac{4}{3}+\zeta\right)\right)\right]}\\ k_h^2=\dfrac{-\mathrm{i}s^2\sigma^2}{\left[1-\mathrm{i}\left(\gamma-1\right)\left(\dfrac{\bar{k}}{s}\right)^2\left(\dfrac{1}{\sigma^2}-\left(\dfrac{4}{3}+\zeta\right)\right)\right]}\end{cases} \tag{3-14}$$

在$\bar{k}/s\to 0$的极限情况下，式（3-14）化为

$$\begin{cases}k_a\approx\bar{k}\\ k_h^2=-\mathrm{i}s^2\sigma^2\end{cases} \tag{3-15}$$

由式（3-15）可知，k_a 对应声学效应；k_h与黏度无关，对应熵效应。

方程（3-11）的解可以写成

$$\bar{T}=A_aT_a+A_hT_h \tag{3-16}$$

其中，A_a、A_h 取决于边界条件，T_a、T_h 由下列方程求出：

$$\begin{cases}(\bar{\Delta}+k_a^2)\,T_a=0\\ (\bar{\Delta}+k_h^2)\,T_h=0\end{cases} \tag{3-17}$$

将式（3-16）代入式（3-9），可以得到

$$\bar{p}=\frac{\gamma}{\gamma-1}\left[A_a\left(1-\frac{\mathrm{i}k_a^2}{s^2\sigma^2}\right)T_a+A_h\left(1-\frac{\mathrm{i}k_h^2}{s^2\sigma^2}\right)T_h\right] \tag{3-18}$$

和

$$\boldsymbol{v}_l=\alpha_aA_a\bar{\nabla}T_a+\alpha_hA_h\bar{\nabla}T_h \tag{3-19}$$

其中，

$$\alpha_{\mathrm{a,h}}=\frac{\mathrm{i}}{\bar{k}\gamma}\times\frac{\gamma}{\gamma-1}\left[\frac{1-\mathrm{i}k_{\mathrm{a,h}}^{2}/s^{2}\sigma^{2}}{1-(4/3+\zeta)\mathrm{i}k_{\mathrm{a,h}}^{2}/s^{2}}\right] \tag{3-20}$$

无散速度场$\boldsymbol{v}_v$可通过如下矢量波动方程[4]求解得到

$$\begin{cases}\left(\bar{\Delta}+k_v^2\right)\boldsymbol{v}_v=0,\\ k_v^2=-\mathrm{i}s^2\\ \bar{\nabla}\cdot\boldsymbol{v}_v=0\end{cases} \tag{3-21}$$

3.3 低约化频率模型

在低约化频率模型中，声波传播方向与其他方向是互相独立的，因此可以对传播方向速度和其他方向速度进行解耦表示。当声波在管中传播时，管横截面方向速度表示为$\boldsymbol{v}_1$，轴向速度表示为$\boldsymbol{v}_3$，对于小振幅简谐波扰动问题，$v_1=c_0\bar{v}_1\mathrm{e}^{\mathrm{i}\omega t},v_3=c_0\bar{v}_3\mathrm{e}^{\mathrm{i}\omega t}$。当声波波长远大于长度尺寸$l$和边界层厚度时，即$\bar{k}<<1$，$\bar{k}/s<<1$，经过线性化无量纲形式的变化后，式（3-7）可以简化为[1, 2, 5]

$$\begin{cases}\mathrm{i}\bar{v}_3=-\dfrac{1}{\bar{k}\gamma}\bar{\nabla}^{\mathrm{pd}}\bar{p}+\dfrac{1}{s^2}\bar{\Delta}^{\mathrm{cd}}\bar{v}_3 & \text{(3-22a)}\\ 0=-\dfrac{1}{\bar{k}\gamma}\bar{\nabla}^{\mathrm{cd}}\bar{p} & \text{(3-22b)}\\ \bar{\nabla}\bullet\bar{\boldsymbol{v}}+\mathrm{i}\bar{k}\bar{\rho}=0 & \text{(3-22c)}\\ \bar{p}=\bar{\rho}+\bar{T} & \text{(3-22d)}\\ \mathrm{i}\bar{T}=\dfrac{1}{s^2\sigma^2}\bar{\Delta}^{\mathrm{cd}}\bar{T}+\mathrm{i}\dfrac{\gamma-1}{\gamma}\bar{p} & \text{(3-22e)}\end{cases}$$

式中，$\bar{\nabla}^{\mathrm{pd}}$表示梯度算子沿声传播方向的分量；$\bar{\Delta}^{\mathrm{cd}}$、$\bar{\nabla}^{\mathrm{cd}}$分别表示拉普拉斯算子和梯度算子沿管横截面方向的分量。式（3-22b）表明声压在横截面上是常数，所以低约化频率模型有时也被称为常压模型，$\bar{p}$仅是传播方向上坐标x^{pd}的函数$\bar{p}=\bar{p}(x^{\mathrm{pd}})$。第2章中式（2-52）、式（2-57）和式（2-60）分别表示的圆形孔、矩形孔和狭缝孔的声波运动方程，这些方程均是低约化频率模型针对不同微孔构型的应用。

对于圆管中的声传播，坐标系如图3-1所示。首先求解式（3-22e），代入壁面处$\bar{T}=0$和圆心处$\bar{T}$为有限值的边界条件，得到

$$\bar{T}=-\frac{\gamma-1}{\gamma}\left(\frac{J_0\left(s\sigma\,\bar{r}\sqrt{-\mathrm{i}}\right)}{J_0\left(s\sigma\,\bar{R}\sqrt{-\mathrm{i}}\right)}-1\right)\bar{p} \tag{3-23}$$

式中，$\bar{R}$和$\bar{r}$分别为无量纲的穿孔半径和径向坐标。

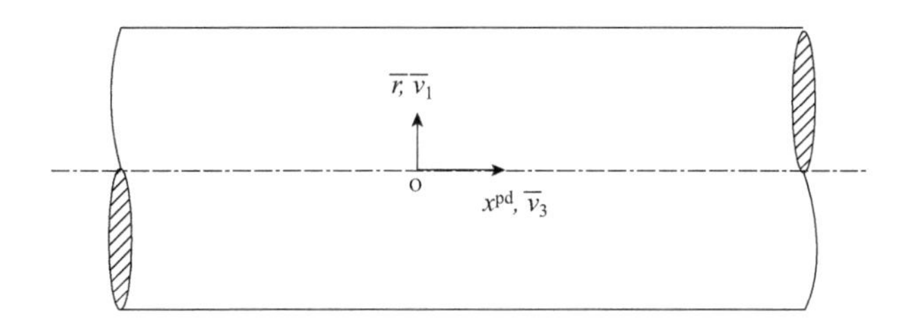

图 3-1　圆管中的声波传播

考虑速度边界条件：壁面处$\overline{v}_1 = 0$，$\overline{v}_3 = 0$；圆心处$\overline{v}_1 = 0$。由方程（3-22a）求解得到

$$\overline{v}_3 = \frac{i}{\overline{k}\gamma}\left(1 - \frac{J_0\left(s\,\overline{r}\sqrt{-i}\right)}{J_0\left(s\overline{R}\sqrt{-i}\right)}\right)\overline{\nabla}^{pd}\overline{p} \tag{3-24}$$

将式（3-23）代入式（3-22d），求解得到

$$\overline{\rho} = \left[1 + \frac{\gamma - 1}{\gamma}\left(\frac{J_0\left(s\sigma\,\overline{r}\sqrt{-i}\right)}{J_0\left(s\sigma\,\overline{R}\sqrt{-i}\right)} - 1\right)\right]\overline{p} \tag{3-25}$$

然后将式（3-24）和式（3-25）代入式（3-22c），并对横截面积分，可以推导出

$$\overline{\Delta}^{pd} p - \overline{k}^2 \Gamma^2 p = 0 \tag{3-26}$$

式中，Γ 表示传播常数，$\Gamma = \sqrt{\dfrac{\gamma}{n(s\sigma)B(s)}}$，其中，$n(s\sigma) = \left[1 + \dfrac{\gamma - 1}{\gamma}B(s\sigma)\right]^{-1}$，$B(s) = \dfrac{J_2\left(s\sqrt{-i}\right)}{J_0\left(s\sqrt{-i}\right)}$，$B(s\sigma) = \dfrac{J_2\left(s\sigma\sqrt{-i}\right)}{J_0\left(s\sigma\sqrt{-i}\right)}$。

通常情况下，微穿孔板的穿孔半径远小于声波波长，所以应用低约化频率模型分析微孔内部的声波传播是有效的。

3.4　圆形孔微穿孔板的黏热求解

3.4.1　理论建模

（1）基础单元

假设微穿孔板的孔形为圆形，半径为 R_0，不失一般性，设圆孔呈方形晶格分布，孔间距为 b。由于孔的空间周期性分布特点，可以将微穿孔板外部的空间划分为一系列大小相同的虚拟方形导管（边长为 b）。圆孔和对应的方形导管构成一个基础单元，如图 3-2 所示。以其中一个单元为例，方形导管底部中心与圆孔上表面圆心在原点处重合，其侧壁位于$x_1 = \pm b/2$和$x_2 = \pm b/2$。取长度尺度$l = b/2$，则无量纲半径$\bar{R} = 2R_0/b$，无量纲孔间距$\bar{b} = 2$，侧壁处坐标的无量纲形式表示为$\bar{x}_1 = \pm 1$和$\bar{x}_2 = \pm 1$。

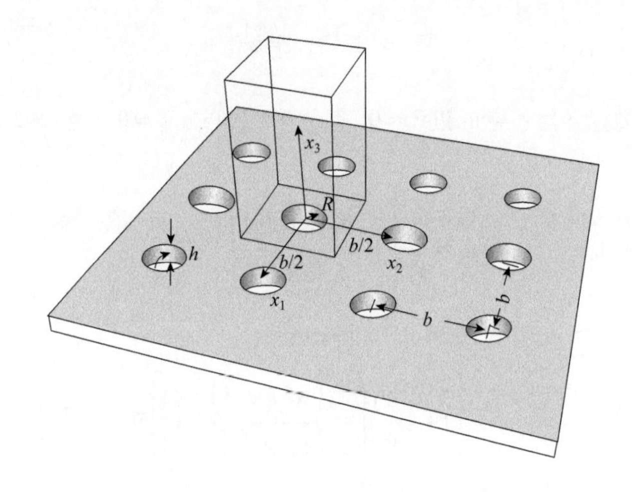

图 3-2　圆形孔呈方形晶格分布示意图

（2）单元中声波的模态解

为了求解线性化的纳维 - 斯托克斯方程，需要求解两个标量波方程 [式（3-17）] 和一个矢量波方程 [式（3-21）]。考虑对于声波沿 x_3 正方向入射情况，侧壁设为非穿透滑移边界条件（第 4 章将对各种边界条件进行详细介绍），在 x_1 和 x_2 方向上存在驻波；考虑导管在 x_3 正方向无限延伸，所以在 x_3 方向上存在无反射的行波解。运用分离变量法，求出标量波方程的解为 [6]

$$\begin{cases} T_{\mathrm{a}} = \sum\limits_{m,n} C_{mn} \cos(\pi m \bar{x}_1) \cos(\pi n \bar{x}_2) \mathrm{e}^{-\mathrm{i}k_{\mathrm{a},mn}\bar{x}_3} \\ T_{\mathrm{h}} = \sum\limits_{m,n} D_{mn} \cos(\pi m \bar{x}_1) \cos(\pi n \bar{x}_2) \mathrm{e}^{-\mathrm{i}k_{\mathrm{h},mn}\bar{x}_3} \end{cases} \tag{3-27}$$

式中，C_{mn} 和 D_{mn} 分别是（m, n）阶声波和熵波的模态系数；m 和 n 分别取 0，1，2，…；$k_{\mathrm{a},mn}$、$k_{\mathrm{h},mn}$ 分别为

$$\begin{cases} k_{\mathrm{a},mn}^2 = k_{\mathrm{a}}^2 - (\pi m)^2 - (\pi n)^2 \\ k_{\mathrm{h},mn}^2 = k_{\mathrm{h}}^2 - (\pi m)^2 - (\pi n)^2 \end{cases} \tag{3-28}$$

将式（3-27）代入式（3-16），可以求出温度

$$\bar{T}=\sum_{m,n}\left(C_{mn}\mathrm{e}^{-\mathrm{i}k_{\mathrm{a},mn}\bar{x}_3}+D_{mn}\mathrm{e}^{-\mathrm{i}k_{\mathrm{h},mn}\bar{x}_3}\right)\cos\left(\pi m\bar{x}_1\right)\cos\left(\pi n\bar{x}_2\right) \tag{3-29}$$

式中，C_{mn} 和 D_{mn} 为待定系数，在不引起歧义的前提下，仍沿用式（3-27）中的符号。

运用式（3-18）可以求出声压

$$\bar{p}=\frac{\gamma}{\gamma-1}\sum_{m,n}\left[\left(1-\frac{\mathrm{i}k_{\mathrm{a}}^2}{s^2\sigma^2}\right)C_{mn}\mathrm{e}^{-\mathrm{i}k_{\mathrm{a},mn}\bar{x}_3}+\left(1-\frac{\mathrm{i}k_{\mathrm{h}}^2}{s^2\sigma^2}\right)D_{mn}\mathrm{e}^{-\mathrm{i}k_{\mathrm{h},mn}\bar{x}_3}\right]\cos(\pi m\bar{x}_1)\cos(\pi n\bar{x}_2) \tag{3-30}$$

运用式（3-19）可以求出无旋速度场

$$\begin{aligned}\boldsymbol{v}_l=&\sum_{m,n}\left(\alpha_{\mathrm{a}}C_{mn}\mathrm{e}^{-\mathrm{i}k_{\mathrm{a},mn}\bar{x}_3}+\alpha_{\mathrm{h}}D_{mn}\mathrm{e}^{-\mathrm{i}k_{\mathrm{h},mn}\bar{x}_3}\right)(-\pi m)\sin\left(\pi m\bar{x}_1\right)\cos\left(\pi n\bar{x}_2\right)\mathbf{e}_1\\&+\left(\alpha_{\mathrm{a}}C_{mn}\mathrm{e}^{-\mathrm{i}k_{\mathrm{a},mn}\bar{x}_3}+\alpha_{\mathrm{h}}D_{mn}\mathrm{e}^{-\mathrm{i}k_{\mathrm{h},mn}\bar{x}_3}\right)(-\pi n)\cos\left(\pi m\bar{x}_1\right)\sin\left(\pi n\bar{x}_2\right)\mathbf{e}_2\\&-\mathrm{i}\left(\alpha_{\mathrm{a}}k_{\mathrm{a},mn}C_{mn}\mathrm{e}^{-\mathrm{i}k_{\mathrm{a},mn}\bar{x}_3}+\alpha_{\mathrm{h}}k_{\mathrm{h},mn}D_{mn}\mathrm{e}^{-\mathrm{i}k_{\mathrm{h},mn}\bar{x}_3}\right)\cos\left(\pi m\bar{x}_1\right)\cos\left(\pi n\bar{x}_2\right)\mathbf{e}_3\end{aligned} \tag{3-31}$$

式中，$\mathbf{e}_1$、$\mathbf{e}_2$、$\mathbf{e}_3$ 分别是直角坐标系沿 x_1、x_2 和 x_3 方向的单位矢量。

考虑到$\bar{x}_3=0$的对称波场和$\bar{x}_1=\pm1$、$\bar{x}_2=\pm1$的非穿透边界条件，无散速度场为

$$\begin{aligned}\boldsymbol{v}_v=&\sum_{m,n}A_{mn}(\pi n)\sin\left(\pi m\bar{x}_1\right)\cos\left(\pi n\bar{x}_2\right)\mathrm{e}^{-\mathrm{i}k_{\mathrm{v},mn}\bar{x}_3}\mathbf{e}_1+A_{mn}(-\pi m)\cos\left(\pi m\bar{x}_1\right)\sin\left(\pi n\bar{x}_2\right)\mathrm{e}^{-\mathrm{i}k_{\mathrm{v},mn}\bar{x}_3}\mathbf{e}_2\\&+\sum_{m,n}B_{mn}\left(-\mathrm{i}k_{\mathrm{v},mn}\right)(-\pi m)\sin\left(\pi m\bar{x}_1\right)\cos\left(\pi n\bar{x}_2\right)\mathrm{e}^{-\mathrm{i}k_{\mathrm{v},mn}\bar{x}_3}\mathbf{e}_1+B_{mn}\left(-\mathrm{i}k_{\mathrm{v},mn}\right)(-\pi n)\\&\times\cos\left(\pi m\bar{x}_1\right)\sin\left(\pi n\bar{x}_2\right)\mathrm{e}^{-\mathrm{i}k_{\mathrm{v},mn}\bar{x}_3}\mathbf{e}_2+B_{mn}\left((\pi m)^2+(\pi n)^2\right)\cos\left(\pi m\bar{x}_1\right)\cos\left(\pi n\bar{x}_2\right)\mathrm{e}^{-\mathrm{i}k_{\mathrm{v},mn}\bar{x}_3}\mathbf{e}_3\end{aligned} \tag{3-32}$$

式中，$k_{\mathrm{v},mn}^2=k_{\mathrm{v}}^2-(\pi m)^2-(\pi n)^2$；$A_{mn}$ 和 B_{mn} 分别是（m, n）阶黏性波的模态系数。需要指出的是，A_{mn} 的下标 m 或 n 只取非零，而 B_{mn} 的下标 m 或 n 可以取零，但不能同时取零。

（3）确定模态系数

为了确定模态系数，需考虑$\bar{x}_3=0$处的边界条件。然而，速度和温度的准确分布并不是已知的。一种假设认为$\bar{x}_3$方向的速度是均匀分布的，这种假设适用于较高频率，此时，边界层被限制在孔壁附近非常薄的区域。而对于微穿孔板，边界层将覆盖整个微孔，速度分布与假设的均匀分布差别较大。对于典型的微穿孔板，微孔尺寸较小，低约化频率模型是有效的。因此，本章将运用低约化频率模型求解$\bar{x}_3=0$处的边界条件。由于微孔横截面上的声压近似保持不变，所以用横截面声压平均值$\langle\bar{p}(\bar{x}_3)\rangle$作为近似。由式（3-23）可得圆孔中温度分布为

$$\bar{T}(\bar{r},\bar{x}_3)=-\frac{\gamma-1}{\gamma}\left(\frac{\mathrm{J}_0(s\sigma\,\bar{r}\sqrt{-\mathrm{i}})}{\mathrm{J}_0(s\sigma\,\bar{R}\sqrt{-\mathrm{i}})}-1\right)\langle\bar{p}(\bar{x}_3)\rangle \tag{3-33}$$

将这一温度分布进行拓展，可将$\bar{x}_3=0^+$处的温度近似表示为

$$\bar{T}\Big|_{\bar{x}_3=0^+}\approx-\frac{\gamma-1}{\gamma}\left(\frac{\mathrm{J}_0(s\sigma\,\bar{r}\sqrt{-\mathrm{i}})}{\mathrm{J}_0(s\sigma\,\bar{R}\sqrt{-\mathrm{i}})}-1\right)\langle\bar{p}(0)\rangle H(\bar{R}-\bar{r}) \tag{3-34}$$

式中，$H\left(\bar{R}-\bar{r}\right)$是阶跃函数，当$\bar{r}<\bar{R}$时，其值为 1，否则为 0。由温度在$\bar{x}_3=0$处的连续性得到

$$\bar{T}\Big|_{\bar{x}_3=0^+}=\sum_{m,n}\left(C_{mn}+D_{mn}\right)\cos\left(\pi m\bar{x}_1\right)\cos\left(\pi n\bar{x}_2\right) \tag{3-35}$$

在式（3-35）两边同时乘上$\cos\left(\pi m\bar{x}_1\right)\cos\left(\pi n\bar{x}_2\right)$并对导管的横截面积分，由正交性推导出

$$C_{mn}+D_{mn}=-\nu_{mn}\frac{\gamma-1}{\gamma}\times\frac{2\bar{R}\mathrm{J}_1\left(\pi\bar{R}\sqrt{m^2+n^2}\right)}{\sqrt{m^2+n^2}}G_{mn}(s\sigma)\langle\bar{p}(0)\rangle \tag{3-36}$$

其中，当$m\neq0$且$n\neq0$时，$\nu_{mn}=1$；当$m=0$，$n\neq0$或$m\neq0$，$n=0$时，$\nu_{mn}=1/2$；$\nu_{00}=1/4$。

$$G_{mn}\left(s\sigma\right)=-\frac{\mathrm{i}s^2\sigma^2+s\sigma\sqrt{-\mathrm{i}}\pi\sqrt{m^2+n^2}\,\dfrac{\mathrm{J}_1(s\sigma\bar{R}\sqrt{-\mathrm{i}})}{\mathrm{J}_0(s\sigma\bar{R}\sqrt{-\mathrm{i}})}\times\dfrac{\mathrm{J}_0\left(\pi\bar{R}\sqrt{m^2+n^2}\right)}{\mathrm{J}_1\left(\pi\bar{R}\sqrt{m^2+n^2}\right)}}{(\pi m)^2+(\pi n)^2+\mathrm{i}s^2\sigma^2} \tag{3-37}$$

当 $m=n=0$ 时，用$\mathrm{J}_1\left(\pi\bar{R}\sqrt{m^2+n^2}\right)\Big/\sqrt{m^2+n^2}$的极限$\dfrac{\pi\bar{R}^2}{2}$代替，代入式（3-37）简化得到

$$C_{00}+D_{00}=-\frac{1}{4}\times\frac{\gamma-1}{\gamma}\times\frac{\mathrm{J}_2(s\sigma\bar{R}\sqrt{-\mathrm{i}})}{\mathrm{J}_0(s\sigma\bar{R}\sqrt{-\mathrm{i}})}\pi\bar{R}^2\langle\bar{p}(0)\rangle \tag{3-38}$$

假设孔内的平均速度为$\langle\bar{v}\rangle$，则$\bar{x}_3=0^+$处的速度的边界条件为

$$\bar{\boldsymbol{v}}\Big|_{x_3=0^-}=\langle\bar{v}\rangle\left(\frac{\mathrm{J}_0(s\bar{r}\sqrt{-\mathrm{i}})}{\mathrm{J}_0(s\bar{R}\sqrt{-\mathrm{i}})}-1\right)\Bigg/\frac{\mathrm{J}_2(s\bar{R}\sqrt{-\mathrm{i}})}{\mathrm{J}_0(s\bar{R}\sqrt{-\mathrm{i}})}\times H(\bar{R}-\bar{r})\,\boldsymbol{e}_3 \tag{3-39}$$

由式（3-31）和式（3-32）可得

$$\bar{v}_3\Big|_{x_3=0^+}=\sum_{m,n}\left(\alpha_{\mathrm{a}}C_{mn}\left(-\mathrm{i}k_{\mathrm{a},mn}\right)+\alpha_{\mathrm{h}}D_{mn}\left(-\mathrm{i}k_{\mathrm{h},mn}\right)+B_{mn}\left(\left(\pi m\right)^2+\left(\pi n\right)^2\right)\right)\cos\left(\pi m\bar{x}_1\right)\cos\left(\pi n\bar{x}_2\right) \tag{3-40}$$

类似于式（3-36）的推导，可以得到 m 和 n 不都为零的情况

$$\alpha_{\mathrm{a}}C_{mn}\left(-\mathrm{i}k_{\mathrm{a},mn}\right)+\alpha_{\mathrm{h}}D_{mn}\left(-\mathrm{i}k_{\mathrm{h},mn}\right)+B_{mn}\left(\left(\pi m\right)^2+\left(\pi n\right)^2\right)=\nu_{mn}\frac{2\bar{R}\mathrm{J}_1\left(\pi\bar{R}\sqrt{m^2+n^2}\right)}{\sqrt{m^2+n^2}}G'_{mn}\left(s\right)\langle\bar{v}\rangle \tag{3-41}$$

其中，

$$G'_{mn}(s)=G_{mn}(s)\Big/\frac{J_2(s\bar{R}\sqrt{-i})}{J_0(s\bar{R}\sqrt{-i})} \tag{3-42}$$

当 $m=n=0$ 时，得到

$$\alpha_a C_{00}\left(-ik_{a,00}\right)+\alpha_h D_{00}\left(-ik_{h,00}\right)=\pi\bar{R}^2\left\langle\bar{v}\right\rangle/4 \tag{3-43}$$

根据低约化频率模型，微孔中声波的径向速度远小于轴向速度。为了简化，设 $\bar{x}_3=0$ 上的切向速度近似为零，则

$$\begin{cases}A_{mn}(\pi n)+B_{mn}(-\pi m)(-ik_{v,mn})+(\alpha_a C_{mn}+\alpha_h D_{mn})(-\pi m)=0 & \text{(3-44a)}\\ A_{mn}(-\pi m)+B_{mn}(-\pi n)(-ik_{v,mn})+(\alpha_a C_{mn}+\alpha_h D_{mn})(-\pi n)=0 & \text{(3-44b)}\end{cases}$$

当 $m\neq0$ 且 $n\neq0$ 时，将式（3-44a）乘以 n/m，并减去式（3-44b），可得

$$A_{mn}=0 \tag{3-45}$$

当 $m\neq n$ 或 $n\neq0$ 时，将式（3-44a）乘以 m，加上式（3-44b）乘以 n，可得

$$\alpha_a C_{mn}+\alpha_h D_{mn}+B_{mn}(-ik_{v,mn})=0 \tag{3-46}$$

当 $m=n=0$ 时，切向速度边界条件是一个恒等式，并没有与模态系数对应的方程。

将式（3-36）、式（3-41）和式（3-46）联立得到

$$\begin{bmatrix}\alpha_a & \alpha_h & -ik_{v,mn}\\ \alpha_a(-ik_{a,mn}) & \alpha_h(-ik_{h,mn}) & (\pi m)^2+(\pi n)^2\\ 1 & 1 & 0\end{bmatrix}\begin{Bmatrix}C_{mn}\\ D_{mn}\\ B_{mn}\end{Bmatrix}=\begin{Bmatrix}0\\ G'_{mn}(s)\left\langle\bar{v}\right\rangle\\ -\dfrac{\gamma-1}{\gamma}G_{mn}(s\sigma)\left\langle\bar{p}(0)\right\rangle\end{Bmatrix}\nu_{mn}\frac{2\bar{R}J_1\left(\pi\bar{R}\sqrt{m^2+n^2}\right)}{\sqrt{m^2+n^2}} \tag{3-47}$$

式中，m 或 n 非零。当 $m=n=0$ 时，方程变为

$$\begin{bmatrix}\alpha_a\left(-ik_{a,mn}\right) & \alpha_h\left(-ik_{h,mn}\right)\\ 1 & 1\end{bmatrix}\begin{Bmatrix}C_{00}\\ D_{00}\end{Bmatrix}=\begin{Bmatrix}\left\langle\bar{v}\right\rangle\\ -\dfrac{\gamma-1}{\gamma}\times\dfrac{J_2\left(s\sigma\bar{R}\sqrt{-i}\right)}{J_0\left(s\sigma\bar{R}\sqrt{-i}\right)}\left\langle\bar{p}(0)\right\rangle\end{Bmatrix}\frac{\pi\bar{R}^2}{4} \tag{3-48}$$

从式（3-47）和式（3-48）中可以观察到，除了第（0, 0）阶声波仅与熵波耦合之外，第（m, n）阶声波受相同阶的熵波和黏性波的共同影响。黏性波本身对平均压力和速度没有贡献，但由于黏性波与声波存在耦合，所以黏性波对声阻末端修正也有贡献。

3.4.2 声阻抗末端修正

（1）基础单元的声阻抗

式（3-47）的解为

$$\begin{cases} C_{mn}=\left(\alpha_{mn}G'_{mn}(s)\langle\overline{v}\rangle+\beta_{mn}G_{mn}(s\sigma)\langle\overline{p}(0)\rangle\right)\nu_{mn}\dfrac{2\overline{R}\mathrm{J}_1\left(\pi\overline{R}\sqrt{m^2+n^2}\right)}{\sqrt{m^2+n^2}} \\ D_{mn}=\left(\gamma_{mn}G'_{mn}(s)\langle\overline{v}\rangle+\delta_{mn}G_{mn}(s\sigma)\langle\overline{p}(0)\rangle\right)\nu_{mn}\dfrac{2\overline{R}\mathrm{J}_1\left(\pi\overline{R}\sqrt{m^2+n^2}\right)}{\sqrt{m^2+n^2}} \end{cases} \tag{3-49}$$

其中，系数 B_{mn} 无需求解，因为它的对应项对平均压力和速度没有贡献，α_{mn}、β_{mn}、δ_{mn}、r_{mn} 是求解式（3-49）的系数。式（3-48）的解可以通过式（3-49）在 $m=n=0$ 的极限值表示，故而不再单独列出。

定义基础单元的声阻抗率为

$$Z=\frac{\langle\overline{p}(0)\rangle}{\langle\overline{v}\rangle}=\frac{\gamma-1}{\gamma}\sum_{m,n}\left[\left(1-\frac{\mathrm{i}k_{\mathrm{a}}^2}{s^2\sigma^2}\right)C_{mn}+\left(1-\frac{\mathrm{i}k_{\mathrm{h}}^2}{s^2\sigma^2}\right)D_{mn}\right]\frac{2\overline{R}\mathrm{J}_1\left(\pi\overline{R}\sqrt{m^2+n^2}\right)}{\sqrt{m^2+n^2}}\times\frac{1}{\pi\overline{R}^2\langle\overline{v}\rangle} \tag{3-50}$$

将式（3-49）代入式（3-50），得

$$Z=\frac{\dfrac{\gamma-1}{\gamma}\displaystyle\sum_{m,n}\left[\left(1-\frac{\mathrm{i}k_{\mathrm{a}}^2}{s^2\sigma^2}\right)\alpha_{mn}+\left(1-\frac{\mathrm{i}k_{\mathrm{h}}^2}{s^2\sigma^2}\right)\gamma_{mn}\right]G'_{mn}(s)\nu_{mn}\left(\dfrac{2\overline{R}\mathrm{J}_1\left(\pi\overline{R}\sqrt{m^2+n^2}\right)}{\sqrt{m^2+n^2}}\right)^2}{\pi\overline{R}^2-\dfrac{\gamma-1}{\gamma}\displaystyle\sum_{m,n}\left[\left(1-\frac{\mathrm{i}k_{\mathrm{a}}^2}{s^2\sigma^2}\right)\beta_{mn}+\left(1-\frac{\mathrm{i}k_{\mathrm{h}}^2}{s^2\sigma^2}\right)\delta_{mn}\right]G_{mn}(s\sigma)\nu_{mn}\left(\dfrac{2\overline{R}\mathrm{J}_1\left(\pi\overline{R}\sqrt{m^2+n^2}\right)}{\sqrt{m^2+n^2}}\right)^2} \tag{3-51}$$

在分析声阻抗末端修正的渐近特性之前，需要简化上述方程。对于典型的微穿孔板，$\overline{k}/s \ll 1$ 且熵波贡献小。因此，与有关熵波的各项 β_{mn}，γ_{mn}，δ_{mn} 可以在方程中省略，由此式（3-51）化简为

$$Z\approx\frac{\gamma-1}{\gamma}\sum_{m,n}\alpha_{mn}G'_{mn}(s)\nu_{mn}\left(\frac{2\overline{R}\mathrm{J}_1\left(\pi\overline{R}\sqrt{m^2+n^2}\right)}{\sqrt{m^2+n^2}}\right)^2\frac{1}{\pi\overline{R}^2} \tag{3-52}$$

再假设熵波的贡献可以忽略不计，由式（3-47）得

$$\alpha_{mn} \approx \frac{1}{-\mathrm{i}k_{\mathrm{a},mn}\alpha_{\mathrm{a}}\left(1+\dfrac{(\pi m)^2+(\pi n)^2}{k_{\mathrm{a},mn}k_{\mathrm{v},mn}}\right)} \tag{3-53}$$

将式（3-53）代入式（3-52），利用$G'_{00}=1$，$k_{\mathrm{a},mn}\approx -\mathrm{i}\pi\sqrt{m^2+n^2}$时，得到

$$Z=\gamma\phi+Z_{\mathrm{ext}}=\gamma\phi+\mathrm{i}\bar{k}\gamma\sum_{\substack{m,n\\ m\text{ or }n\neq 0}}\frac{G'_{mn}(s)}{1+\dfrac{(\pi m)^2+(\pi n)^2}{k_{\mathrm{a},mn}k_{\mathrm{v},mn}}}\times\frac{\nu_{mn}4\mathrm{J}_1^{\,2}\left(\pi\bar{R}\sqrt{m^2+n^2}\right)}{\pi^2\left(\sqrt{m^2+n^2}\right)^{3/2}} \tag{3-54}$$

式中，比热容比γ正好是无量纲形式的空气特性阻抗，$\gamma=\rho_0c_0^2/P_0=\dfrac{\rho_0c_0}{P_0/c_0}$；$\phi$是微穿孔板的穿孔率；$Z_{\mathrm{ext}}$是基础单元声阻抗的末端修正。

此外，如果忽略来自黏性波的贡献并假设$G'_{mn}(s)$近似为 1，则式（3-54）将简化成 Allard 给出的阻抗表达式[7]。

（2）渐近分析

频率较低时，G'_{mn}可以近似为

$$\lim_{s\to 0}G'_{mn}(s)=\frac{4}{\pi\bar{R}\sqrt{m^2+n^2}}\times\frac{\mathrm{J}_2\left(\pi\bar{R}\sqrt{m^2+n^2}\right)}{\mathrm{J}_1\left(\pi\bar{R}\sqrt{m^2+n^2}\right)} \tag{3-55}$$

将式（3-55）代入式（3-54）并用$\bar{R}$的二项式逼近对 m 和 n 的求和式，即可得出

$$\lim_{s\to 0}Z_{\mathrm{ext}}(s)=\left(3.38+0.24\bar{R}-0.95\bar{R}^2\right)\frac{\bar{k}\gamma}{\bar{R}s^2} \tag{3-56}$$

该式适用于 $0.1<\bar{R}<0.4$，对应的穿孔率范围为 0.79％～12.57％。

频率较高时，式（3-54）的求和公式中的第一部分可以扩展为 $1/s$ 的二阶形式，即

$$\frac{G'_{mn}(s)}{1+\dfrac{(\pi m)^2+(\pi n)^2}{k_{\mathrm{a},mn}k_{\mathrm{v},mn}}}=1+\sqrt{-\mathrm{i}}\pi\sqrt{m^2+n^2}\left(1+\frac{\mathrm{J}_2\left(\pi\bar{R}\sqrt{m^2+n^2}\right)}{\mathrm{J}_1\left(\pi\bar{R}\sqrt{m^2+n^2}\right)}\right)s^{-1}$$
$$-\mathrm{i}\pi^2\left(m^2+n^2\right)\frac{\mathrm{J}_2\left(\pi\bar{R}\sqrt{m^2+n^2}\right)}{\mathrm{J}_1\left(\pi\bar{R}\sqrt{m^2+n^2}\right)}\left(1+\frac{3}{2\pi\bar{R}\sqrt{m^2+n^2}}\right)s^{-2} \tag{3-57}$$

将式（3-57）代入式（3-54）并用$\bar{R}$的多项式近似逼近对 m 和 n 的求和，可以

推导出声阻抗末端修正项的实部和虚部分别为

$$\begin{cases}\Re\left(Z_{\text{ext}}\right)=\dfrac{\sqrt{2}}{2}\times\dfrac{\bar{k}\gamma}{s}\left(1.39+0.16\bar{R}-1.09\bar{R}^2\right)+1.21\dfrac{\bar{k}\gamma}{\bar{R}s^2} & (3\text{-}58\text{a})\\ \Im\left(Z_{\text{ext}}\right)=\bar{k}\gamma\,\bar{R}\left(0.84-0.95\bar{R}\right)+\dfrac{\sqrt{2}}{2}\times\dfrac{\bar{k}\gamma}{s}\left(1.39+0.16\bar{R}-1.09\bar{R}^2\right) & (3\text{-}58\text{b})\end{cases}$$

该式适用于0.1< $\bar{R}$ <0.4。式（3-58a）等号右边第一项中$\bar{k}\gamma/s$与表面阻抗成正比，第二项中$\bar{k}\gamma/(\bar{R}s^2)$是与频率无关的常数。式（3-58b）等号右边第一项中$\bar{k}\gamma\,\bar{R}$与频率成正比，第二项与式（3-58a）等号右边第一项相同。在式（3-58a）和式（3-58b）中，等号右边第一项和第二项之比与$s\bar{R}$成正比。$s\bar{R}$表示穿孔半径和边界层厚度的比值，它随着频率的降低而减小。因此，第二项在低频声阻抗末端修正中起着重要作用。

（3）与其他末端修正模型的比较

2.4.2节介绍了声阻抗末端修正模型为

$$Z_{\text{ext}}=\alpha R_S+\mathrm{i}\delta\,\omega\rho_0\frac{d}{2} \tag{3-59}$$

式（3-59）的无量纲形式表示为

$$Z_{\text{ext}}=\alpha\frac{\sqrt{2}}{2}\times\frac{\bar{k}\gamma}{s}+\mathrm{i}\delta\,\bar{k}\gamma\,\bar{R} \tag{3-60}$$

在经典微穿孔板理论中，系数α和δ与频率无关，声阻抗末端修正值随着频率的下降而趋近于零。Bolton和Kim运用计算流体动力学仿真发现声阻末端修正在频率很低时存在静态阻抗，认为[8]

$$\alpha=C\omega^{-1/2} \tag{3-61}$$

式中，系数C为与板厚、孔径和穿孔率有关的系数，单位为$\text{Hz}^{1/2}$。

从式（3-56）表示的阻抗低频极限公式得到

$$\alpha=\left(3.38+0.24\bar{R}-0.95\bar{R}^2\right)\frac{\sqrt{2}}{\bar{R}s}\propto\omega^{-1/2} \tag{3-62}$$

因此，式（3-56）与Bolton和Kim的模型在低频的变化规律是一致的。

Herdtle等[9]提出当声波频率趋于零时，声阻末端修正并非为零，而是趋于静态声阻抗常数。根据式（2-69），无量纲形式的声阻抗末端修正的低频极限是

$$Z_{\text{ext}}=4.93\frac{\bar{k}\gamma}{\bar{R}s^2} \tag{3-63}$$

式（3-63）与式（3-56）具有相同的形式，前者的系数约为后者的1.5倍。

当频率较高时，式（3-58a）和式（3-58b）中的第二项可以忽略，此时，模型的系数α和δ分别为

$$\begin{cases}\alpha = 1.39 + 0.16\bar{R} - 1.09\bar{R}^2 & (3\text{-}64a) \\ \delta = 0.84 - 0.95\bar{R} & (3\text{-}64b)\end{cases}$$

上式涉及$\bar{R}$的项考虑了多个孔之间的相互作用。当穿孔率非常小（$\bar{R} \ll 1$）时，δ 约为 0.84，与传统模型中常用值 0.85 吻合很好；α 约为 1.39，这与其常用值 2 有所不同。

本章提出的模型在一定程度上印证了现有模型。当频率趋于零时，声阻末端修正接近静态流阻，这与 Bolton 和 Herdtle 的模型形式基本一致。在高频情况下，声抗末端修正与常规模型几乎相同，声阻末端修正的形式完全一致，系数稍有差别。这种差别主要来自低约化频率模型中规定的温度和速度分布。事实上，除非能够准确地求解具有不连续截面管道中的黏热 - 声学问题，否则难以获得它们的真实分布情况，故这一问题不在本章讨论范围内。

到目前为止，大多数模型都是通过拟合数值模拟或实验数据得出的。虽然适应性较好，但不利于给出物理解释。本章理论推导出声阻抗修正模型，指出声阻末端修正主要取决于两个无量纲量，即$\bar{k}\gamma/s$和$\bar{k}\gamma/(\bar{R}s^2)$。两者均具有明确的物理意义，前者与边界层内的黏性效应引起的表面阻抗有关，后者与声线弯折引起的静态流阻有关。声抗末端修正主要取决于两个无量纲量，即$\bar{k}\gamma\bar{R}$和$\bar{k}\gamma/s$。前者与活塞的辐射抗有关，它对推导过程中使用的边界条件并不敏感，即使假设均匀的速度剖面分布也会得到几乎相同的结果。相比之下，传统模型只包含$\bar{k}\gamma/s$对声阻的贡献和$\bar{k}\gamma\bar{R}$对声抗的贡献，因此，Temiz 等[10]在系数 α 和 δ 中引入与$s\bar{R}$强相关的项以补偿未考虑的能量损失。

本章提出模型的另一个优点在于其无量纲形式。约化频率$\bar{k}$和剪切波数 s 分别表示基础单元的大小与声波长度和边界层厚度之间的比率，无量纲半径$\bar{R}$通过$\bar{R} = 2\sqrt{\phi/\pi}$与穿孔率相关。无量纲形式有助于微穿孔板的设计。

参考文献

[1] Beltman W M. Viscothermal wave propagation including acousto-elastic interaction. Part I: Theory[J]. Journal of Sound and Vibration, 1999, 227(3): 555-586.

[2] Beltman W M. Viscothermal wave propagation including acousto-elastic interaction. Part II: Applications[J]. Journal of Sound and Vibration, 1999, 227(3): 587-609.

[3] Bruneau M, Herzog P, Kergomard J, Polack J D. General formulation of the dispersion equation in bounded visco-thermal fluid, and application to some simple geometries[J]. Wave Motion, 1989, 11(5): 441-451.

[4] Morse P M, Feshbach H. Methods of Theoretical Physics[M]. New York: McGraw-Hill, 1953: 1762-1767.

[5] Tijdeman H. On the propagation of sound waves in cylindrical tubes[J]. Journal of Sound and Vibration, 1975, 39(1): 1-33.

[6] Li X H. End correction model for the transfer impedance of microperforated panels using viscothermal wave theory[J]. Journal of the Acoustical Society of America, 2017, 141(3): 1426-1436.

[7] Allard J F, Atalla N. Propagation of sound in porous media: modelling sound absorbing materials[M]. 2nd ed. West Sussex: John Wiley & Sons, 2009: 188-192.

[8] Bolton J S, Kim N N, Herrick R. Use of CFD to calculate the dynamic resistive end correction for microperforated materials[J]. Acoustic Australia, 2010, 38(3):134-9.

[9] Herdtle T, Bolton J S, Kim N N, Alexander J H, Gerdes R W. Transfer impedance of microperforated materials with tapered holes[J]. Journal of the Acoustical Society of America, 2013: 134(6), 4752-4762.

[10] Temiz M A, Arteaga I L, Efraimsson G, Åbom M, Hirschberg A. The influence of edge geometry on end-correction coefficients in micro perforated plates[J]. Journal of the Acoustical Society of America, 2015, 138(6): 3668-3677.

Chapter 4

第 4 章 数值分析方法

本章将详细介绍微穿孔板的数值分析方法。借助数值仿真工具，对微穿孔板结构进行有限元建模，可以准确获取结构的声压、速度、温度和黏热能量损失等物理量的分布，探究孔内外发生的声学行为，计算结构的传递阻抗和断面声阻抗。对于一些复杂结构，如不规则孔型、带有倒角的开口末端、非均匀分布的微孔、变截面微孔结构等，经典微穿孔板理论难以计算复杂结构的吸声性能，数值仿真手段使其吸声性能的分析变得可能。

微穿孔板的数值求解方法主要包括计算流体动力学（Computational Fluid Dynamics, CFD）和热黏性声学仿真。CFD 仿真可以对微孔进行建模并计算其静态和动态流阻以及抗[1, 2]。以圆形孔微穿孔板为例对单个微孔进行二维轴对称几何建模，模型包括微孔和微孔两端的进出口区域，如图 4-1 所示，一般进口设置为速度入口，出口设置为压力出口，入口端施加时域速度信息。由于模型尺寸均远小于关注频率所对应的波长，因而可假设流体不可压。仿真可以得到微孔内外压力场、速度场、剪切率和能量损失率的分布规律。微孔结构的阻抗定义为入口端和出口端的声压差除以入口端的速度，所有的参量均先进行傅里叶变换转换到频域，其实部表示动态流阻，虚部表示抗。

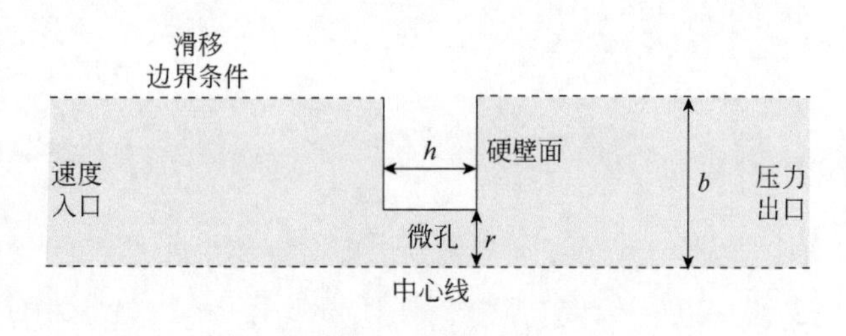

图 4-1　CFD 模型

在 CFD 仿真中，假设流体不可压，这与真实情况一定有差异，可能会导致孔内能量损失的低估。另外，CFD 模型在时域内对气流的运动进行仿真，然后将速度和压力通过傅里叶变换转换成频域，增加了计算的复杂性。

4.1 COMSOL Multiphysics® 软件介绍

近年来，学者们利用 COMSOL Multiphysics® 多物理场仿真软件对微穿孔板结构进行有限元建模，获得孔内外声压、温度、速度和能量损失的分布规律，并计算其传递阻抗，分析孔排列方式、穿孔率、孔径、板厚等几何参数对结构声阻抗的影响。COMSOL Multiphysics® 是一款由瑞典 COMSOL 公司开发的数值仿真软件，该软件以有限元法为基础，通过求解偏微分方程（单场）或偏微分方程组（多场）来实现真实物理现象的仿真，用数学方法求解真实世界的物理现象。该软件有一个基本模块和多个专业模块，包括结构声学模块、力学模块、化学工程模块、热传递模块、地球科学模块、射频模块、AC/DC 模块、微机电模块等。

其中，声学模块主要包括压力声学、声 - 结构相互作用、气动声学、热黏性声学、超声学和几何声学等接口。压力声学接口可用于为声音的散射、衍射、辐射和传播等压力声学效应建模；声 - 结构相互作用接口可用于模拟产品或设计中声学与结构之间的相互作用；气动声学接口可用于分析流体噪声以及流动引起的声波对流、阻尼、反射和衍射等现象；热黏性声学接口能够准确模拟小尺寸结构在声波作用下的声压、速度和温度的变化，考虑了黏度和热传导相关的损耗，尤其是黏滞边界层和热边界层的损耗；超声学接口用于计算声波在距离远大于波长情况下的瞬态传播；

几何声学接口用于评估声波的波长小于典型几何特征的高频系统，包括射线声学和声学扩散方程接口，可计算声射线的轨迹、相位和强度，确定耦合空间的声压级分布以及不同位置的混响时间。

4.2 热黏性声学接口

热黏性声学接口能够模拟几何尺寸非常小的结构的声学现象，求解声压、速度场、温度变化等因素，计算和识别狭窄波导和导管中的传播和非传播模式，适用于麦克风、移动设备、助听器和 MEMS 器件等微型电声换能器的振动声学建模。热黏性声学模块包括热黏性声学频域物理场接口、热黏性声学瞬态物理场接口、热黏性声学边界模式接口、声 - 热黏性声学相互作用频域多物理场接口、热黏性声 - 固相互作用频域多物理场接口以及热黏性声 - 壳相互作用频域多物理场接口。

热黏性声学频域物理场接口用于计算包含热损耗和黏滞损耗的声波传播，求解压力、速度和温度的声学变化。对尺寸较小的几何结构中的声传播过程进行精确建模时需要使用该物理场接口，其近壁处存在黏滞边界层和热边界层。此处，由于剪切和热传导引起的黏滞损耗梯度较大，因此这一损耗变得非常重要。为此，需要在控制方程中包含热传导效应和黏滞损耗。该物理场接口在频域中求解方程，假定所有场和声源都是简谐变化，并假定为线性声学，同时在静态背景条件下定义线性纳维 - 斯托克斯方程，求解连续性方程、动量方程和能量方程。

热黏性声学瞬态物理场接口用于计算包含热损耗和黏滞损耗的声波的瞬态传播。该物理场接口在时域中求解方程，其中支持具有任意瞬态信号的系统的一般激励以及振动结构的阻尼现象等瞬态特性的建模，并假定为线性声学。

热黏性声学边界模式接口用于计算并标识波导和导管中的传播和非传播模式，可对小尺寸波导或导管的边界、入口或横截面执行边界模式分析，包括近壁处声学边界层中非常重要的热损耗和黏滞损耗效应。

声 - 热黏性声学相互作用频域多物理场接口是由热黏性声学频域物理场接口与压力声学频域接口组合而成，其中压力声学频域物理场接口用于计算静态背景条件下流体中的声波传播时的压力变化，求解亥姆霍兹方程；适用于压力场呈谐波变化的所有线性频域声学仿真，其中包含的域条件可对均匀损耗（即所谓的多孔材料流体模型）以及狭窄区域中的损耗建模。域特征还包含背景入射声场。

热黏性声 - 固相互作用频域多物理场接口是由热黏性声学频域物理场接口与固体力学接口组合而成，求解固体中的位移场与流体域中声学变化之间的耦合。其中，固体力学接口用于三维、二维或轴对称体的一般结构分析，该接口以求解纳维方程为基础，计算位移、应力及应变等结果。

热黏性声-壳相互作用频域多物理场接口是由热黏性声学频域物理场接口与壳接口组合而成，求解壳位移场与流体域中声学变化之间的耦合。其中，壳接口用于对三维边界上的结构壳建模，结构壳是一种平的或弯曲的薄结构，具有显著的抗弯刚度。

热黏性声学接口的控制性方程主要是第 3 章介绍的纳维-斯托克斯方程（动量方程）、连续性方程、状态方程和能量方程。热黏性声学中的黏度和热传导相关的损耗主要发生在黏滞边界层和热边界层，黏性边界层为受黏性剪应力而速度呈梯度变化的靠近壁面的薄流体层，壁面处速度为零，远离壁面处速度为自由流速度，黏性边界层厚度（也称黏性穿透深度）为

$$\delta_{\mathrm{v}}=\sqrt{\frac{\eta}{\pi\rho_0 f}} \tag{4-1}$$

热边界层为受热应力而形成的以温度变化显著为特征的流体薄层，热边界层厚度（也称热穿透深度）为

$$\delta_{\mathrm{t}}=\sqrt{\frac{\kappa}{\pi\rho_0 f C_{\mathrm{p}}}} \tag{4-2}$$

黏性边界层厚度与热边界层厚度之比为普朗特数的平方根，即$\delta_{\mathrm{v}}/\delta_{\mathrm{t}}=\sqrt{\eta C_{\mathrm{p}}/\kappa}=\sigma$。黏性边界层厚度和热边界层厚度均随着频率的增加而降低，对于常温常压的空气，式（4-1）可近似表示为$2.2/\sqrt{f}$ mm，式（4-2）可近似表示为$2.5/\sqrt{f}$ mm，后者比前者稍大一些，可以计算出：100Hz 时黏性边界层厚度为 0.22mm，热边界层厚度为 0.25mm；2500Hz 时黏性边界层厚度为 0.044mm，热性边界层厚度为 0.05mm。

热黏性声学中的力学边界条件包括滑移边界和非滑移边界，其中滑移边界表示边界上法向速度为零且切向应力为零。滑移边界也称为非穿透边界，其边界表面不会创建黏性边界层，没有黏滞效应，滑移边界条件的控制性方程如下：

$$\begin{cases}\boldsymbol{n}\cdot\boldsymbol{u}_{\mathrm{t}}=\mathbf{0}\\ \boldsymbol{\sigma}_{\mathrm{n}}-(\boldsymbol{\sigma}_{\mathrm{n}}\cdot\boldsymbol{n})\boldsymbol{n}=\mathbf{0}\\ \boldsymbol{\sigma}_{\mathrm{n}}=\left[-p_{\mathrm{t}}\boldsymbol{I}+\eta\left(\nabla\boldsymbol{u}_{\mathrm{t}}+(\nabla\boldsymbol{u}_{\mathrm{t}})^{\mathrm{T}}\right)-\left(\frac{2\eta}{3}-\mu_B\right)(\nabla\cdot\boldsymbol{u}_{\mathrm{t}})\boldsymbol{I}\right]\boldsymbol{n}\end{cases} \tag{4-3}$$

式中，$\boldsymbol{u}_{\mathrm{t}}$ 为总速度；$\boldsymbol{n}$ 为法向量；$\boldsymbol{I}$ 为单位向量；$\boldsymbol{\sigma}_{\mathrm{n}}$ 为边界上向内法向应力；p_{t} 为总声压。

非滑移边界如同硬壁面，其总速度为零，即

$$\boldsymbol{u}_{\mathrm{t}}=\mathbf{0} \tag{4-4}$$

热黏性声学中的热力学边界条件包括等温边界和绝热边界，其中等温边界表示边界具有良好的导热性，其背后有巨大的热源使其处于恒温状态，总温度变化为零，即

$$T_{\mathrm{t}}=0 \tag{4-5}$$

绝热边界表示边界上没有热量流入也没有热量流出，即

$$-\boldsymbol{n}\cdot\left(-\kappa\nabla T_{\mathrm{t}}\right)=\mathbf{0} \tag{4-6}$$

热黏性声学频域接口的仿真经常涉及的仿真参数及其物理含义如表 4-1 所示。

表 4-1 热黏性声学仿真中常用的参数及其含义

仿真参数	物理含义	说明
ta.*p*_b 或 p_{b}	背景声压	ta 表示热黏性声学频域接口
ta.*p*_s 或 p_{s}	反射声压	
ta.*p*_t 或 p_{t}	总声压	背景声压与反射声压之和
$\boldsymbol{u}_{\mathrm{t}}$	总速度场	$\boldsymbol{u}_{\mathrm{t}}=(u_{\mathrm{t}},\ v_{\mathrm{t}},\ w_{\mathrm{t}})$
ta.*u*_tx	总速度的 x 方向分量	
ta.*v*_inst	瞬时局部速度	
ta.*v*_rms	局部速度的均方根	
ta.*T*_t 或 T_{t}	总温度变化	
ta.diss_visc	黏性能量损失密度	
ta.diss_therm	热能量损失密度	
ta.diss_tot	总黏热能量损失密度	黏性能量损失密度和热能量损失密度之和
ta.*d*_visc 或 δ_{v}	黏性边界层厚度	
ta.*d*_therm 或 δ_{t}	热边界层厚度	
ta.*c*	声速	

4.3 经典微穿孔板仿真实例

下面以经典直通圆形孔微穿孔板为例，介绍热黏性声学频域物理场接口仿真的一般流程。

4.3.1 数学建模

考虑到求解热黏性声学问题的计算成本十分高昂，因此只求解与热黏性物理现象有关的系统组件往往能够有效减少运算量。一般微孔呈周期性分布，最常见的微孔分布方式为方形晶格或正六边形（也称正三角形）晶格分布，如图 4-2 所示，选择一个基本单元进行研究，如图 4-2 中浅蓝色区域，微孔位于基础单元的中心位置。由于所选单元呈中心对称分布，可以仅对单元的 1/4 部分（方形晶格分布）或 1/6 部分（正六边形晶格分布）进行建模，如图 4-2 中深蓝色区域，大幅降低计算成本。不失一般性，下面以方形晶格分布为例进行介绍。

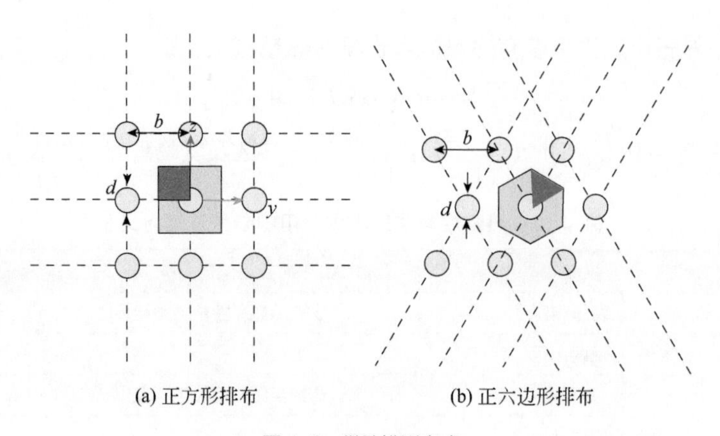

图 4-2　微孔排列方式

对微孔及其末端进行建模，仿真单元由孔隙、孔隙两端的空气域、空气域两端的完美匹配层（Perfectly Matched Layer, PML）构成。完美匹配层是用于模拟开放域或无限域的一种特殊介质层，该层介质的声阻抗与相邻介质的声阻抗完全匹配，声波可以无反射地穿过分界面而进入完美匹配层，并被完全吸收。为方便下文的说明，坐标原点设置位于微孔左端截面的几何中心，如图 4-3 所示。微孔直径为 d，微孔的长度，即板的厚度为 h，孔间距为 b，空气域和完美匹配层的厚度至少分别设置为 3 倍和 1 倍圆孔半径，即 $3d/2$ 和 $d/2$。本实例中微穿孔板的几何参数如表 4-2 所示，空气介质的物理参数如表 4-3 所示。

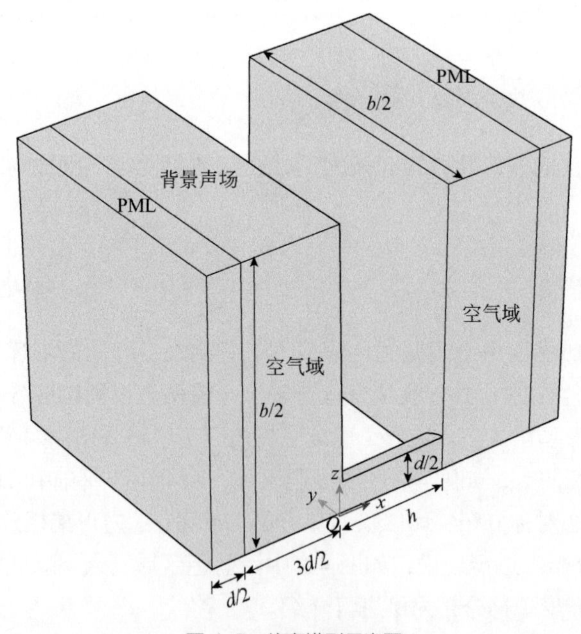

图 4-3　仿真模型示意图

表 4-2　微穿孔板的几何参数

孔径 d/mm	板厚 h/mm	孔间距 b/mm	穿孔率 ϕ
0.3	0.5	2.5	1.1/%

表 4-3　空气介质的物理参数

静态密度 ρ_0/(kg/m^3)	热导率 κ/[W/(m·K)]	等容比热容 C_v/[J/(kg·K)]	等压比热容 C_p/[J/(kg·K)]	声速 c_0/(m/s)	剪切黏滞系数 η/(N·s/m^2)	静态压强 P_0/(N/m^2)
1.2	2.56×10^{-2}	716	1004	343	1.82×10^{-5}	1.013×10^{5}

4.3.2　边界条件

所建三维模型构成的物理场均设置为热黏性声学频域物理场接口，$x<0$ 的空气域设置为单位幅值平面波入射的背景声场，平面波入射方向为 x 轴正向。与板接触的面均设置为无滑移和等温边界条件，即刚性壁面，如图 4-4 中灰色边界；对称面（$y=0$ 和 $z=0$）均设置为对称边界条件，如图 4-4 中绿色边界；空气域和完美匹配层的侧面（$y=b/2$ 和 $z=b/2$）均设置为滑移和绝热边界条件，如图 4-4 中橙色边界。

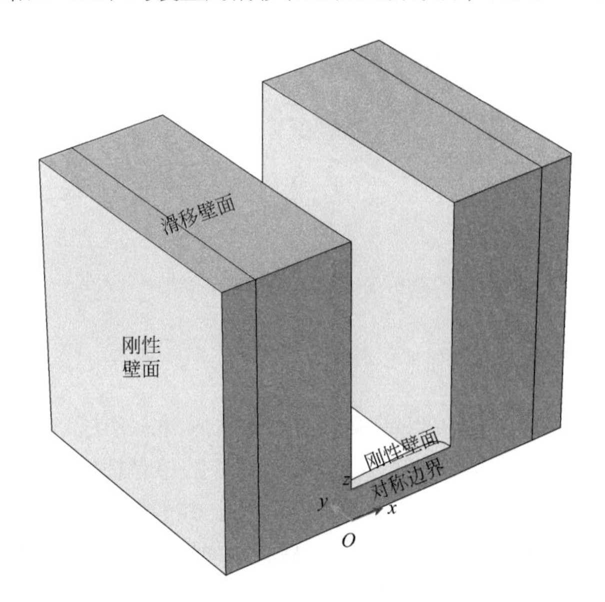

图 4-4　仿真模型边界条件设置

4.3.3　网格划分

划分网格是建立有限元模型的一个重要环节，所划分的网格形式和数量对计算精度和计算规模将产生直接影响。一般来讲，网格数量增加，计算精度会有所提高，但同时计算规模也会增加，所以在确定网格数量时应综合考虑。对于二维模型，常用的网格有自由三角形网格和自由四边形网格；对于三维声场，常用的网格包括自由四面体网格、三棱柱网格和六面体网格。

首先对网格要求较高的微孔进行网格划分，微孔和空气域均划分为自由四面体网格，其中与板接触的边和面的网格最大单元尺寸设置为黏性边界层厚度 δ_v，其他网格最大单元尺寸均设置为圆孔半径的 1/3，即 $d/6$。完美匹配层的网格采用扫掠法进行划分，网格层数不少于 6 层，如图 4-5 所示。以偏斜度表征网格的质量，数值越接近于 1.0 表示网格质量越高。本实例中，模型网格的平均质量为 0.6991，最低质量为 0.2046，能够保证有限元仿真的网格划分精度。

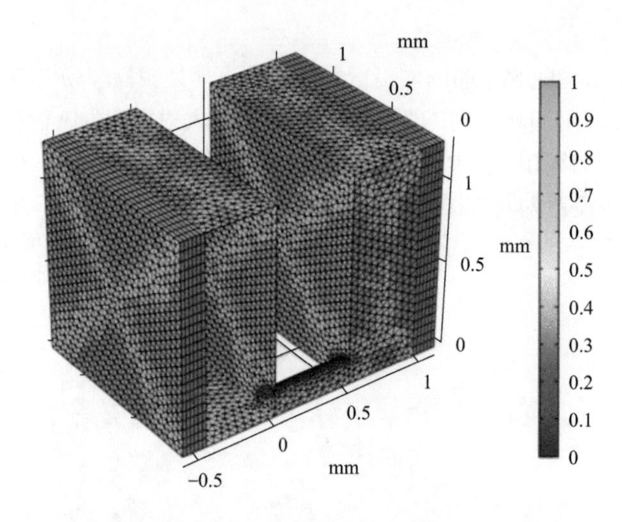

图 4-5　仿真模型网格划分示意图

4.3.4　微孔内外声学现象

图 4-6 ～图 4-8 给出了 1000Hz 频率处的微孔内外总声压、瞬时局部速度和总温度变化的平面图，图 4-9 给出了 1000Hz 频率处的总黏热能量损失密度的等值线图。从图 4-6 中可以看出，声波入口端声压较大，并沿厚度方向逐渐减小，孔内声压沿微孔截面方向几乎保持不变，证实了第 3 章中低约化频率模型的适用性。从图 4-7 中可以看出，速度轮廓在微孔内部基本不变，速度流线在出入口处发生严重弯折，并在远离出入口处回复至均匀分布。孔内壁面处质点速度为零，并沿孔径方向逐渐增大，速度分布在声波出入口端呈现“帽子”的形状，表示在声波作用下孔内质点会带动孔外质点一起运动。从图 4-8 中可以看出，声波入口端温度较高，并沿厚度方向逐渐降低，孔内外壁面处温度变化处处为零。从图 4-9 中可以看出，黏热能量损失主要集中在孔内黏滞层内，并在微孔出入口处呈现“帽子”的形状，表示

产生了额外的能量损失，微孔附近的面板表面产生了一定的能量损失，主要是由于出入微孔时声线弯折造成的，对应于第 3 章黏热模型中的$\bar{k}\gamma/(\bar{R}s^2)$项。

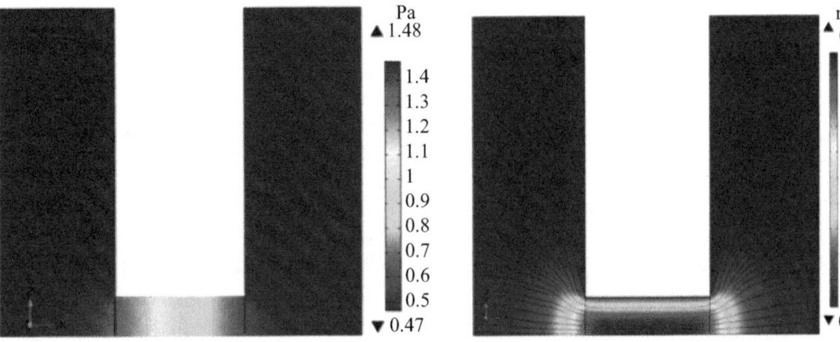

图 4-6　纵剖面总声压分布

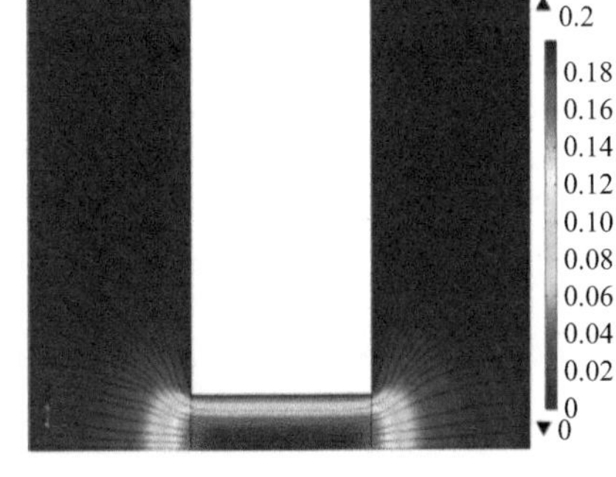

图 4-7　纵剖面瞬时局部速度分布

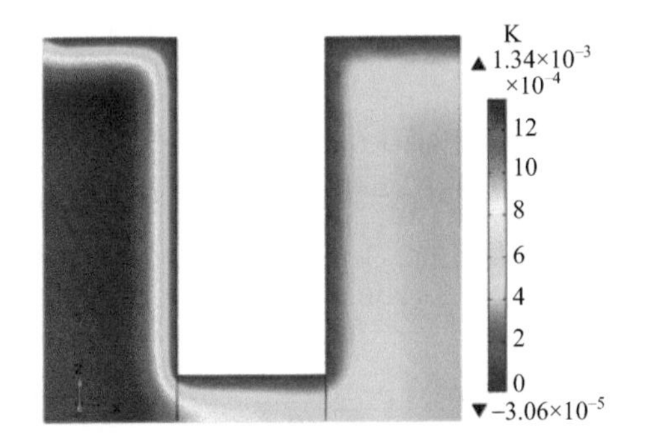

图 4-8　纵剖面总温度变化分布

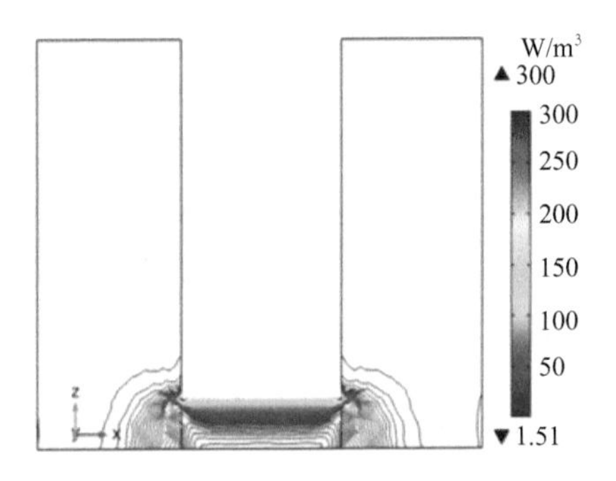

图 4-9　纵剖面黏热能量总损失密度等值线分布

4.4 传递阻抗的仿真计算

仿真得到的结构传递阻抗为

$$Z_{\mathrm{T}}=\frac{\Delta p}{\bar{v}} \tag{4-7}$$

式中，Δp为孔隙两端平均声压差，$\Delta p=\left(\iint_{\Sigma_{\mathrm{in}}} p_{\mathrm{in}}\,\mathrm{d}S-\iint_{\Sigma_{\mathrm{out}}} p_{\mathrm{out}}\,\mathrm{d}S\right)\Big/S_{\Sigma}$，$p_{\mathrm{in}}$和$p_{\mathrm{out}}$分别表示微孔入口端和出口端的总声压，$\Sigma_{\mathrm{in}}$和$\Sigma_{\mathrm{out}}$为微孔入口端和出口端所在的平面；$S_{\Sigma}$为平面的面积；$\bar{v}$为孔隙内质点平均速度，$\bar{v}=\iiint_{\Omega} u_\mathrm{tx}\,\mathrm{d}V\Big/\iiint_{\Omega}\mathrm{d}V$，其中 u_tx 为孔隙内空气粒子振动总速度在轴向上的分量，Ω 为仿真单元孔隙组成的区域。

考虑空气的特性阻抗，其相对声阻抗为$z_{\mathrm{T}} = Z_{\mathrm{T}}/\rho_0 c_0$。上述微穿孔板结构仿真得到的相对声阻和声抗如图 4-10 中圆点标记的实线所示。

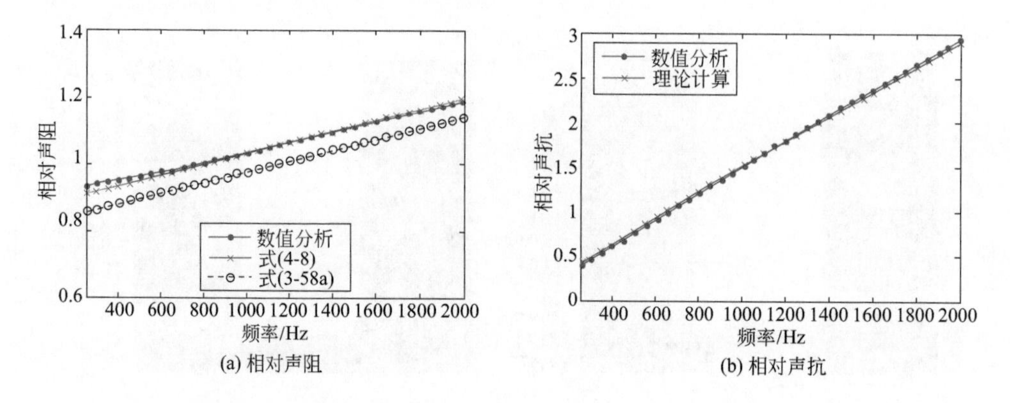

图 4-10　数值分析和理论计算的相对声阻抗

运用第 3 章中式（3-58a）和式（3-58b）计算的声阻和声抗如图 4-10 所示。从图中可以看出，理论模型计算的声抗与数值仿真结果一致性很好，理论模型计算的声阻准确预测了声阻的增长率，但是低估了声阻的绝对值，且绝对差值在整个频率范围内几乎不变。根据前面的讨论，这个绝对差值是由于声线弯折而引起的。为了提高声阻末端修正模型的预测精度，根据仿真结果将式（3-58a）中$\bar{k}\gamma/(\bar{R}s^2)$项的系数从 1.21 修正 为 2.28，得出声阻抗末端修正项的实部为 [3]

$$\Re\left(Z_{\mathrm{e}}\right)=\frac{\sqrt{2}}{2}\times\frac{\bar{k}\gamma}{s}\left(1.39+0.16\bar{R}-1.09\bar{R}^2\right)+2.28\frac{\bar{k}\gamma}{\bar{R}s^2} \tag{4-8}$$

修正后的模型计算结果也绘制在图 4-10(a) 中，可以看出，数值分析得到的结构传递阻抗与理论模型计算结果吻合较好。假设微穿孔板后部设置 40mm 厚度的背腔，其吸声系数曲线如图 4-11 所示，可以看出，共振频率、最大吸声系数和有效吸声带宽均与理论模型计算结果一致。

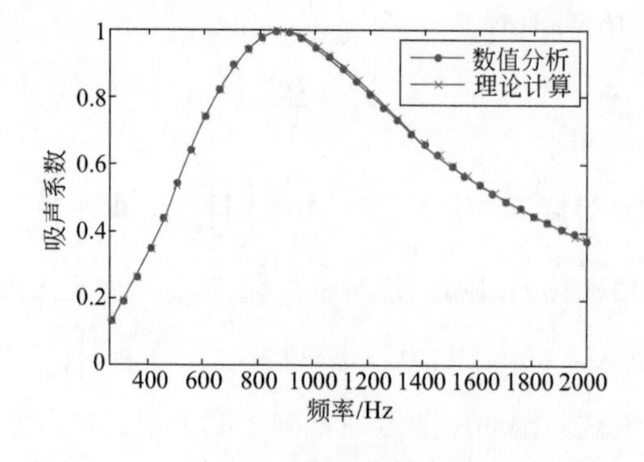

图 4-11　吸声系数对比

上述模型是无量纲形式的，为了方便与其他模型进行直接对比，将其转化为带量纲的形式，开口端为尖锐棱边的微孔单侧的声阻和声抗末端修正项分别为

$$R_{\mathrm{ext},\xi}=\left(1.39+0.18\xi-1.39\xi^{2}\right)R_{\mathrm{S}}+4.56\frac{\eta}{d} \tag{4-9a}$$

$$X_{\mathrm{ext},\xi}=\left(0.84-1.07\xi\right)\rho_{0}\omega\frac{d}{2}+\left(1.39+0.18\xi-1.39\xi^{2}\right)R_{\mathrm{S}} \tag{4-9b}$$

式中，ξ 表示穿孔率的平方根，$\xi=\sqrt{\phi}$，与$\bar{R}$的关系为$\xi=\dfrac{\sqrt{\pi}}{2}\bar{R}$。

不考虑微孔之间的相互作用（$\xi=0$ 时），声阻和声抗末端修正项分别为

$$R_{\mathrm{ext}}=1.39R_{\mathrm{S}}+4.56\frac{\eta}{d} \tag{4-10a}$$

$$X_{\mathrm{ext}}=0.84\rho_{0}\omega\frac{d}{2}+1.39R_{\mathrm{S}} \tag{4-10b}$$

其中，式（4-10a）等号右侧第一项表示黏滞摩擦引起的声阻末端修正，第二项表示声线弯折引起的静态声阻，与频率无关；式（4-10b）等号右侧第一项表示活塞声辐射引起的声抗末端修正，第二项与式（4-10a）中的第一项相等。

4.5 声阻抗末端修正的仿真计算

假设孔内效应用无限长孔的取值乘以孔长去等效，可以得到一般规则形状微孔内声阻抗解析解。然而末端修正比较复杂，影响因素较多，包括微孔尺寸、频率、穿孔率、微孔形状、开口形状、微孔厚度、微孔相对于末端的位置等。多数情况下，微穿孔板的末端修正难以用现有的理论模型计算获得，只能借助数值手段进行分析。仿真结构的传递阻抗乘以穿孔率可以计算得到微孔本身的声阻抗，再减去孔内声阻抗可以得到微孔声阻抗末端修正，其中实部表示声阻末端修正，虚部表示声抗末端修正，具体计算流程如图 4-12 所示。

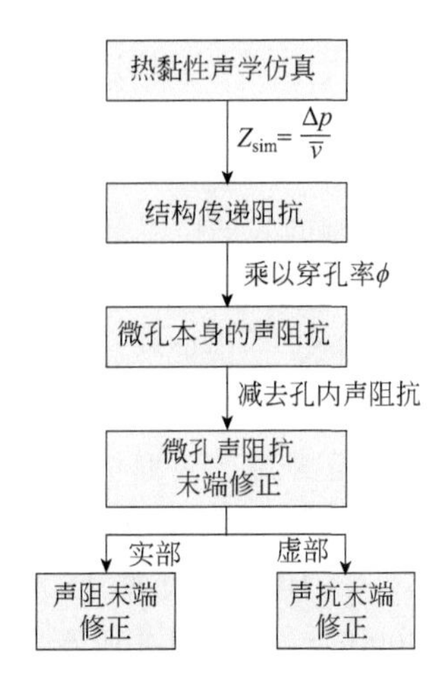

图 4-12　声阻抗末端修正计算流程

参考图 4-12 的计算流程可以计算出上述微穿孔板单孔的孔内和末端的相对声阻和声抗，如图 4-13 所示。从图中可以看出，孔内声阻大于末端声阻，两者随频率的变化较小，基本上保持为一定值；孔内声抗和末端声抗均随频率的增大而增大，前者较大且随着频率的增长更快。

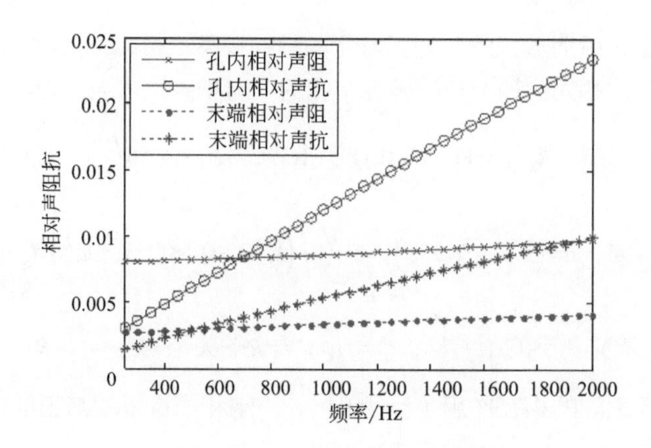

图 4-13 微穿孔板孔内和末端相对声阻抗

4.5.1 截面声阻抗率沿微孔轴向变化

微孔结构的截面声阻抗率定义为

$$Z_{\mathrm{cs}}=\frac{p}{\overline{v}} \tag{4-11}$$

式中，p 为微孔轴向某截面的平均声压，$p=\frac{1}{S}\iint_{\Sigma}\text{ta}.p\_\text{t}\,\mathrm{d}S$，$S$ 为截面的面积，Σ 为微孔轴向的某截面；$\overline{v}$ 为微孔内该截面处的质点平均速度，$\overline{v}=\frac{1}{S}\iint_{\Sigma}\text{ta}.u\_\text{tx}\mathrm{d}S$。

截面声阻抗沿轴向的分布规律可以用来识别得到孔内声阻抗、声阻抗末端修正以及孔内外声阻抗的相互关系，其主要影响因素包括孔径、频率、穿孔率、微孔形状、开口形状、微孔分布形式、微孔相对于末端的位置，其中前三项的影响较大。不失一般性，假设微孔为圆形孔，末端为尖锐棱边，微孔呈方形分布，微孔位于末端的中心位置。下面对多组参数组合情况开展系列热黏性声学仿真，孔径分别设置为 0.1mm、0.2mm、0.4mm、0.8mm，穿孔率分别设置为 0.8%、1%、5% 和 10%，频率分别设置为 125Hz、250Hz、500Hz、1000Hz、2000Hz 和 4000Hz，如表 4-4 所示，对应的穿孔常数为 0.4 ～ 16.5，包括了常见的穿孔常数变化范围。

表 4-4 仿真参数设置

孔径 d/mm	板厚 h/mm	穿孔率 ϕ	频率 f/Hz	案例数
0.1	0.12	0.8% ～ 10%	125 ～ 4000	24
0.2	0.24			24

续表

孔径 d/mm	板厚 h/mm	穿孔率 ϕ	频率 f/Hz	案例数
0.4	0.48	0.8% ～ 10%	125 ～ 4000	24
0.8	0.96			24

沿着微孔轴线方向（x 方向）的截面相对声阻抗可以由式（4-11）计算得到。图 4-14 ～图 4-16 分别展示了不同孔径、不同穿孔率、不同频率的截面相对声阻和相对声抗沿微孔轴线的变化趋势，图中点、加号、星号、圆形、菱形和正方形分别表示频率为 125Hz、250Hz、500Hz、1000Hz、2000Hz 和 4000Hz 的结果。可以看到，在 $x>h$ 的右侧平面波自由传播的区域，相对声阻为 1，相对声抗为 0；在 $0<x<h$ 的微孔内且不紧邻开口端，声阻抗严格按照式（2-55）变化，在 $x=0$ 和 $x=h$ 对应的孔口处，声阻抗发生明显的跳变。将微孔内的声阻抗曲线向右延伸，不同频率对应的曲线近似交汇于一点，这点与孔口的距离为微孔右侧末端的长度修正量。仔细观察，不同频率对应的声阻曲线与直线 $y=1$ 交汇的点略有差异，各点与孔口的距离为不同频率声阻对应的长度修正量；声抗曲线与直线 $y=0$ 交汇的各点与孔口的距离为不同频率声抗对应的长度修正量。对比图 4-14 和图 4-15，穿孔率较大时，微孔内截面相对声阻和声抗衰减梯度较小，对应的拟合线与 $y=1$ 和 $y=0$ 的交叉点与孔口的距离变小。对比图 4-15 和图 4-16，孔径增大时，微孔内声阻衰减梯度减小，声抗衰减梯度增大，声阻拟合线与 $y=1$ 的交叉点与孔口的距离略微增大，声抗拟合线与 $y=0$ 的交叉点与孔口的距离略微减小。从图 4-14 ～图 4-16 中可以看出，频率较大时，声阻拟合线与 $y=1$ 的交叉点与孔口的距离略微增大（图 4-16 中个别高频出现反例），声抗拟合线与 $y=0$ 的交叉点与孔口的距离略微减小。微孔左侧的声阻和声抗末端修正长度可以参考右侧类似考虑[4, 5]。

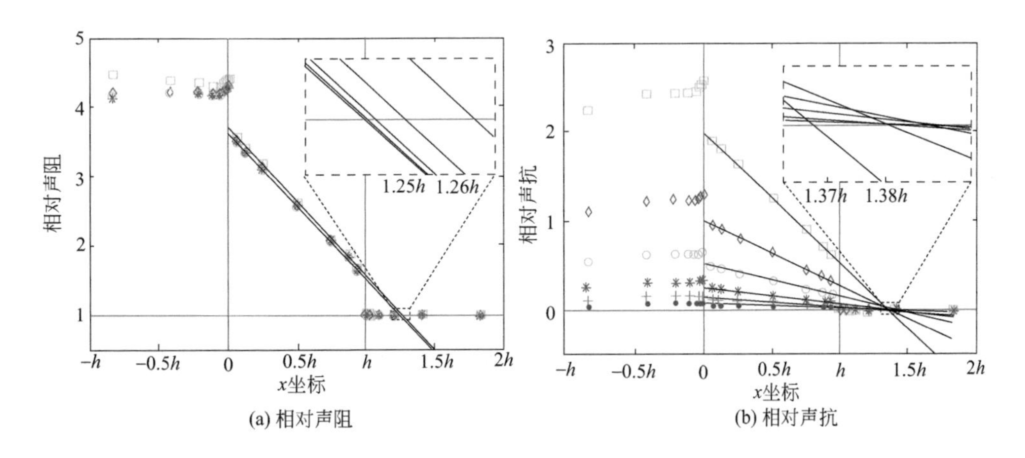

(a) 相对声阻　　(b) 相对声抗

图 4-14　$d=0.1$，$\phi=0.8\%$ 时相对声阻和声抗

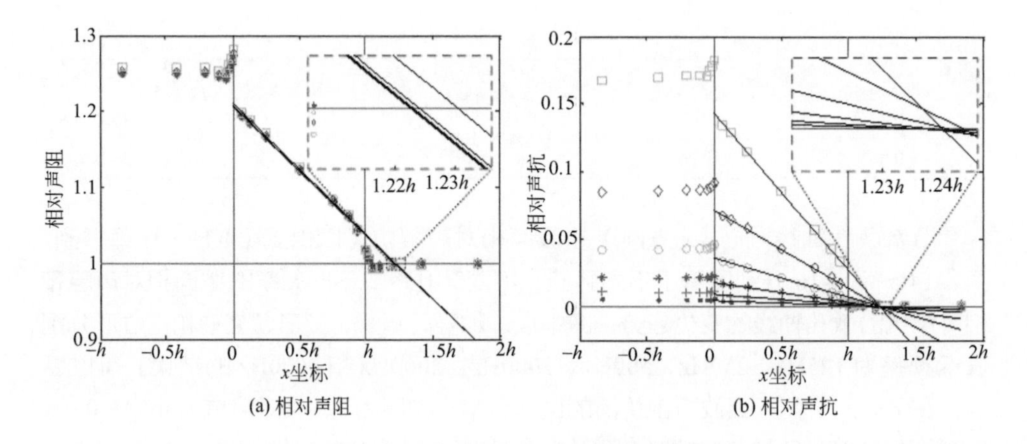

(a) 相对声阻 (b) 相对声抗

图 4-15 $d=0.1$，$\phi=10\%$ 时相对声阻和声抗

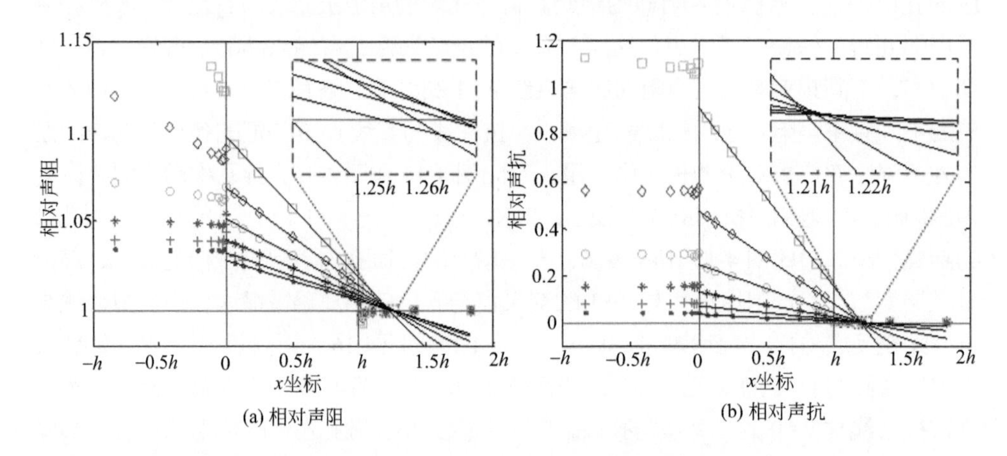

(a) 相对声阻 (b) 相对声抗

图 4-16 $d=0.8$，$\phi=10\%$ 时相对声阻和声抗

4.5.2 等效额外孔长

从图 4-14 ～图 4-16 中可以读出微孔内相对声阻拟合直线与 $y=1$ 的交叉点与孔口的距离和相对声抗拟合直线与 $y=0$ 的交叉点与孔口的距离。声阻和声抗末端修正等效长度系数为

$$\beta_{\mathrm{resi}}=\frac{2\Delta L_{\mathrm{resi}}}{d} \tag{4-12a}$$

$$\beta_{\mathrm{reac}}=\frac{2\Delta L_{\mathrm{reac}}}{d} \tag{4-12b}$$

式中，ΔL_{resi} 为微孔内相对声阻拟合直线与 $y=1$ 的交叉点与孔口的距离；ΔL_{reac} 为微孔内相对声抗拟合直线与 $y=0$ 的交叉点与孔口的距离。

从 4.5.2 节的分析可以看出，声阻和声抗末端修正等效长度与穿孔率、孔径和频率有关，第 2 章明确了穿孔率对声阻抗末端修正的影响，其影响可以表示为一阶线性多项式。穿孔常数是一个与孔径和频率有关的无量纲数，Temiz[6] 在研究微孔末端几何形状对声阻修正的影响时，穿孔常数是唯一考虑的影响因素。本节假设声阻和声抗的等效末端修正长度系数为

$$\beta=\alpha_1 {k_S}^{\alpha_2}\left(1-\alpha_3\sqrt{\phi}\right) \tag{4-13}$$

式中，α_1、α_2、α_3 为待定系数。

对 96 组数据进行拟合得到声阻和声抗末端修正等效长度系数分别为 [4, 5]

$$\beta_{resi}=0.65{k_S}^{0.10}\left(1-0.62\sqrt{\phi}\right) \tag{4-14a}$$

$$\beta_{reac}=1.04{k_S}^{-0.06}\left(1-1.41\sqrt{\phi}\right) \tag{4-14b}$$

上述拟合的相关系数分别为 0.9346 和 0.9909。声阻和声抗末端修正等效长度系数均随着穿孔率的增大而减小，声阻衰减较慢，声抗衰减较快，且穿孔率对声抗的影响与式（2-72）和式（2-75）基本一致。声阻末端修正等效长度系数随着穿孔常数的增大而增大，而声抗末端修正等效长度系数随着穿孔常数的增大而减小。可以计算出，当穿孔率 ϕ 为 1%，穿孔常数 k_S 介于 0.8 ～ 1.0 时，等效声阻末端修正项系数在 0.616 左右，这与 Herdtle 的研究结果一致 [1]。式（4-14）预测的结果与仿真结果相比，一致性较好，如图 4-17 所示。

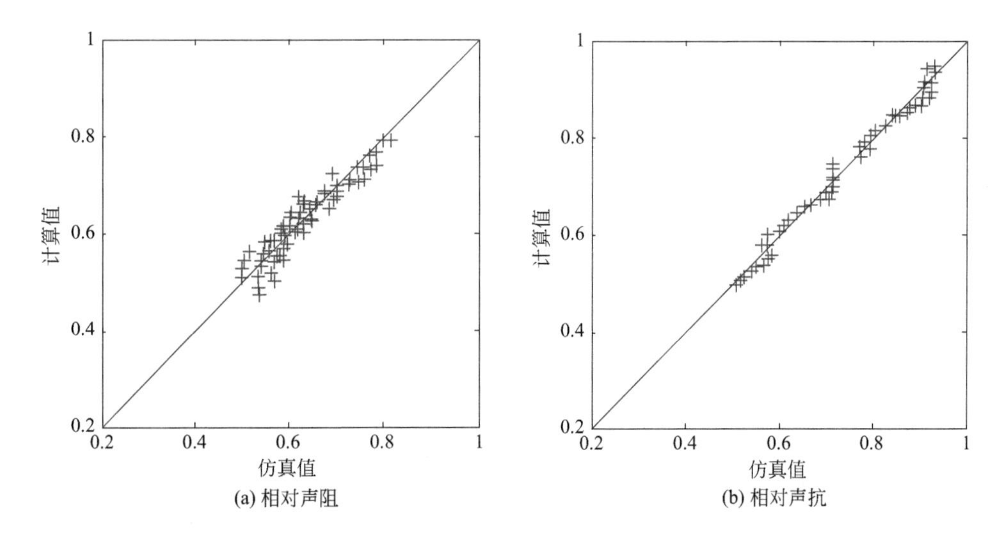

图 4-17 相对声阻和声抗末端修正等效长度系数对比

进一步研究表明 [7]，式（4-14）对于板厚小于微孔半径的情形仍然适用。继

续降低板厚至远小于孔径的数值，微孔两边的声阻抗跳变区域由于微孔之间气流的相互作用而交织在一起。但在实际应用的微穿孔板的厚度很少远小于微孔半径，因此，一般情况下，微孔两端的气流可以看作是独立的，对末端效应没有影响。

由式（4-14）可以绘制出声阻和声抗末端修正等效长度系数与穿孔常数和穿孔率关系的云图，如图 4-18 所示，两者之差的绝对值如图 4-19 所示。从图中可以看出，当穿孔常数和穿孔率同时较小或同时较大时，两者差值较大。

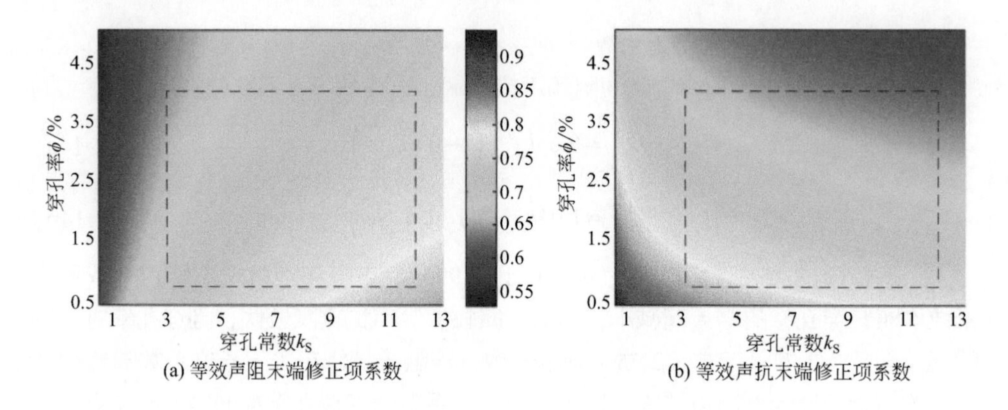

图 4-18　等效声阻抗末端修正项系数与穿孔常数和穿孔率的关系

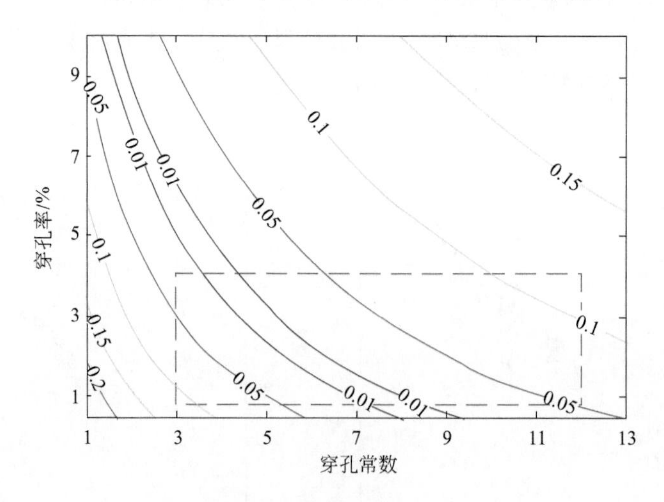

图 4-19　声阻和声抗末端修正项差值的绝对值等高线

在穿孔常数 3< k_S <12，穿孔率 0.8%< ϕ <4% 时，如图 4-18 和图 4-19 中的红色虚线方框所示，声阻末端修正等效长度系数和声抗的近似相等，为了简化，取两者平均值并运用最小二乘法拟合得到

$$\beta = 0.82 k_S^{0.02}\left(1-\sqrt{\phi}\right) \quad (4\text{-}15)$$

式（4-15）最大误差发生在 $(k_S, \phi)=(3, 0.8\%)$ 或 $(k_S, \phi)=(12, 4\%)$ 处，与对应参数仿真值的最大误差不超过 10.6%，如表 4-5 所示。ϕ 的取值涵盖了微穿孔板正常穿孔率的范围，k_S 的取值排除了孔径和频率均较小和两者均较大的极限情况，适用于图 4-20 中上下线之间的孔径和频率取值区域（青色填充区域）。然而，采用 Herdtle 提出的恒定系数 0.616 计算末端修正，最大误差达到 27.6%；采用 Melling 等提出的 $0.85/\Psi_{Fok}$ 计算末端修正，最大误差达到 15.6%。因此，采用式（4-15）可以有效减少微穿孔板声阻抗的计算误差。

表 4-5　模型的误差

穿孔常数 k_S	穿孔率 ϕ	（孔径 d/mm，频率 f/Hz）	预测值	β_{resi} 仿真值	β_{reac} 仿真值	误差 /%
3	0.8%	(0.25, 1385)	0.763	0.691	0.847	10.4
3	0.8%	(0.5, 346)	0.763	0.706	0.852	10.4
3	0.8%	(0.75, 154)	0.763	0.707	0.853	10.6
12	4%	(0.25, 22154)	0.687	0.668	0.624	10.1
12	4%	(0.5, 5538)	0.687	0.707	0.631	8.9
12	4%	(0.75, 2462)	0.687	0.725	0.632	8.7

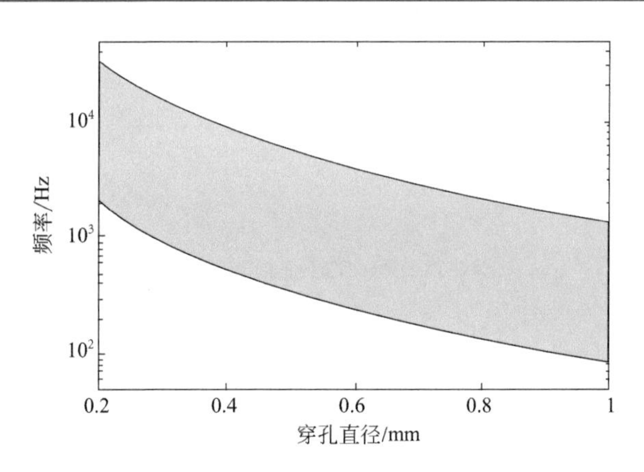

图 4-20　对应 $3<k_S<12$ 的孔径和频率的范围

4.5.3 不同模型的对比分析

为了检验模型的准确性，选择两组微穿孔板进行对比验证：第一组的参数为 $(\phi, d)=(0.8\%, 0.75\text{mm})$，对应的频率范围为 154 ～ 2462Hz，包括了表 4-5 中最大误差的几何参数；第二组的参数为 $(\phi, f)=(4\%, 2000\text{Hz})$，对应的孔径范围为 0.21 ～ 0.84mm；两组的穿孔常数变化范围均为 3.0 ～ 12.0，微孔厚度均设置为板厚的 1.2 倍。对上述两组参数进行热黏性声学仿真，参考式（4-7）计算得到微穿孔板的声阻抗。

将式（4-15）代入式（2-70）中并除以穿孔率便可以计算出微穿孔板的整体声阻抗。本节提出的等效额外孔长模型与微穿孔板声阻抗计算经典模型[式（2-55）、式（2-64）和式（2-66）]、Melling 声阻抗计算模型[式（2-73）]、Herdtle 声阻抗计算模型[式（2-70）]以及第 3 章黏热模型[式（3-58）和式（4-9）]计算得到的声阻抗与数值仿真结果进行对比，结果如图 4-21 和图 4-22 所示。本节提出的声阻抗末端修正等效额外孔长模型和黏热计算模型与数值结果吻合较好；Herdtle 声阻抗模型计算值，尤其是声阻计算值，对于两组微穿孔板的偏差均比较大；除了对于穿孔率较高的第二组微穿孔板的声阻计算值外，Melling 声阻抗模型的计算值与数值结果一致性均比较好。从图中还可以看到，微穿孔板声阻抗经典模型的声阻计算值显著偏低，对于穿孔率较高的第二组微穿孔板，其声抗计算值偏高。

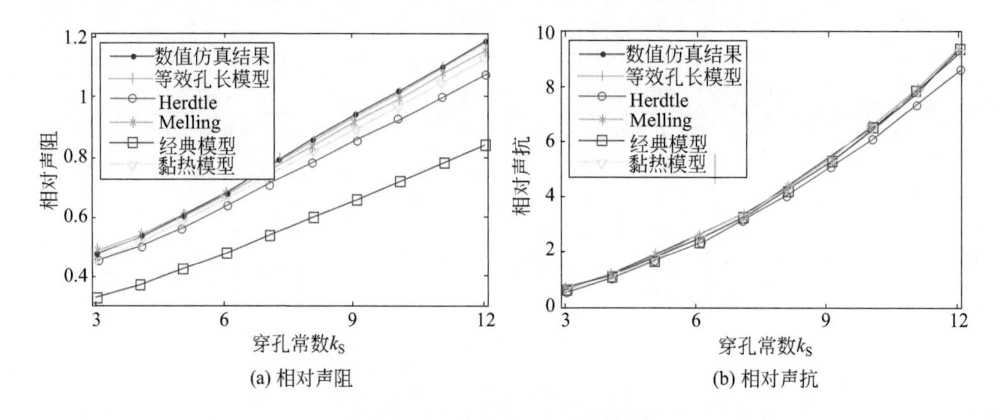

(a) 相对声阻　　(b) 相对声抗

图 4-21　第一组微穿孔板声阻抗对比

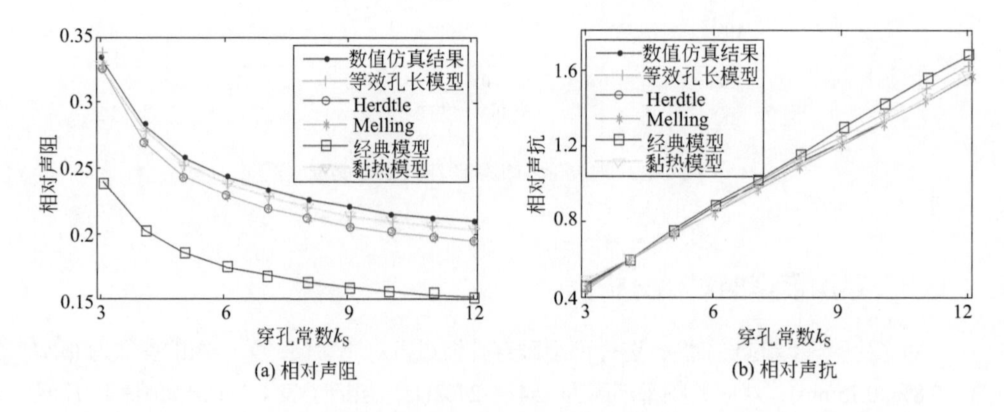

(a) 相对声阻　　(b) 相对声抗

图 4-22　第二组微穿孔板声阻抗对比

参考文献

[1] Herdtle T, Bolton J S, Kim N N, Alexander J H, Gerdes R W. Transfer impedance of microperforated materials with tapered holes[J]. Journal of the Acoustical Society of America, 2013, 134(6): 4752-4762.
[2] Bolton J S, Kim N N. Use of CFD to calculate the dynamic resistive end correction for microperforated materials[A]. Proceedings of 20th International Congress on Acoutics[C]. 2010.
[3] Li X H. End correction model for the transfer impedance of microperforated panels using viscothermal wave theory[J]. Journal of the Acoustical Society of America, 2017, 141(3): 1426-1436.
[4] Jiang C S, Li X H, Xing T, Zhang B. Additional length model for the impedance end correction of microperforated panels[J]. Journal of the Acoustical Society of America, 2020, 148(2): 566-574.
[5] 蒋从双 . 变截面微穿孔板吸声降噪研究 [D]. 北京 : 中国地质大学（北京）, 2020.
[6] Temiz M A, Arteaga I L, Efraimsson G, Åbom M, Hirschberg A. The influence of edge geometry on end-correction coefficients in micro perforated plates[J]. Journal of the Acoustical Society of America, 2015, 138(6): 3668-3677.
[7] Li X H, Xing T, Zhu L Y, Jiang C S, Wang W J, Zhang B. An impedance model for thin microperforated panels[A]. Proceedings of the 23rd International Congress on Acoustics Aachen[C]. 2019.

Chapter 5

第 5 章 微穿孔板吸声结构的设计

本章将详细介绍微穿孔板吸声结构的设计。微穿孔板因声阻抗与空气特性阻抗匹配较好而具备良好的吸声性能，其有效吸声频率上下限比值的理论极限为 8.24，超过 3 个倍频带，发展潜力非常可观。然而，只有超微孔、超薄板和超大穿孔率组合的微穿孔板结构才能接近理论极限。受制于加工能力和使用条件等，一般单层直通型微穿孔板结构难以获得接近理论极限的吸声性能。借助微穿孔板的串并联组合结构或者发展变截面微穿孔板都能提升微穿孔板结构的吸声性能。本章 5.1 节将介绍微穿孔板结构的吸声性能理论极限并分析几何参数对吸声性能的影响，5.2 节将讨论微穿孔板串并联组合结构的吸声性能，5.3 节将探讨变截面微穿孔板的吸声性能。

5.1 微穿孔板结构的吸声性能

5.1.1 吸声性能极限

微穿孔板结构通过孔 - 腔共振耗散声能以达到吸声的目的，其吸声系数可以由板的相对声阻抗和腔的相对声抗表示为

$$\alpha=\frac{4\,r_{\mathrm{MPP}}}{(r_{\mathrm{MPP}}+1)^2+[\omega m_{\mathrm{MPP}}-\cot(\omega D/c_0)]^2} \tag{5-1}$$

式中，r_{MPP} 和 m_{MPP} 分别表示相对声阻和相对声质量。

由于受到背腔声抗的影响，微穿孔板的吸声系数曲线在频率满足$\omega m_{\mathrm{MPP}}-\cot\left(\omega D/c_0\right)=0$时可获得最大吸声系数

$$\alpha_{\max}=\frac{4r_{\mathrm{MPP}}}{\left(r_{\mathrm{MPP}}+1\right)^2} \tag{5-2}$$

可见，最大吸声系数$\alpha_{\max}$仅取决于相对声阻r_{MPP}。此时的频率为最大吸声系数对应的共振频率f_0。

定义，f_{L} 和 f_{U} 为吸声系数等于 $\alpha_{\max}/2$ 的下限和上限频率，它们满足

$$\begin{cases}2\pi\,f_{\mathrm{L}}m_{\mathrm{MPP}}-\cot\dfrac{2\pi f_{\mathrm{L}}D}{c}=-\left(1+r_{\mathrm{MPP}}\right)\\[2ex]2\pi\,f_{\mathrm{U}}m_{\mathrm{MPP}}-\cot\dfrac{2\pi f_{\mathrm{U}}D}{c}=+\left(1+r_{\mathrm{MPP}}\right)\end{cases} \tag{5-3}$$

微穿孔板结构可能在关注的频率范围内具有多个共振峰，此时f_{L} 和f_{U} 对应多个值，实际应用中通常关注第一个共振峰内对应的频率，f_{U}–f_{L} 称为半吸收带宽。

当最大吸声系数$\alpha_{\max}$比较小时，式（5-3）确定的频率f_{L}和f_{U}对应的吸声系数更小，可能没有实际应用价值。另外一种定义带宽的方法为选取吸声系数 0.5 作为确定有效吸声带宽的低限，吸声频率的上下限f_{L} 和f_{U} 满足 [1, 2]

$$\left(r_{\mathrm{MPP}}+1\right)^2+\left(2\pi f m_{\mathrm{MPP}}-\cot\left(\frac{2\pi f D}{c_0}\right)\right)^2=8r_{\mathrm{MPP}} \tag{5-4}$$

当频率较低时，运用近似的方法求得下限吸声频率f_{L} 为

$$\frac{2\pi f_{\mathrm{L}}D}{c_0}=\frac{\arctan\sqrt{4r_{\mathrm{MPP}}-\left(1-r_{\mathrm{MPP}}\right)^2}}{1+\dfrac{g}{1+4r_{\mathrm{MPP}}-\left(1-r_{\mathrm{MPP}}\right)^2}} \tag{5-5}$$

式中，$g=\omega m_{\mathrm{MPP}}/\left(\omega D/c_0\right)=m_{\mathrm{MPP}}c_0/D$为常数，与频率无关。

上限吸声频率 f_U 为

$$\frac{2\pi f_U D}{c_0}=\frac{\pi-\arctan\sqrt{4r_{MPP}-(1-r_{MPP})^2}}{1+\dfrac{g}{1+4r_{MPP}-(1-r_{MPP})^2}} \tag{5-6}$$

下限和上限频率均随着 g 的增加而降低，用 f_U–f_L 表示吸声带宽会随着 g 的变化而变化。但两者之比与 g 无关，定义吸声频程 f_{UL} 为上限吸声频率与下限吸声频率的比值 f_U/f_L。在 g 或 $2\pi f_0 m_{MPP}$ 较小时，吸声频程 f_{UL} 取得极限值为

$$f_{UL}=\frac{\pi}{\arctan\dfrac{1}{\sqrt{4r_{MPP}-(1-r_{MPP})^2}}}-1 \tag{5-7}$$

可以看出，有效吸声频程的极限值仅取决于相对声阻 r_{MPP}。

表 5-1 给出了最大吸声系数和有效吸声频程极限值与相对声阻 r_{MPP} 的关系。从表中可以看出，当 α_{max} 达到 1.0，f_{UL} 极限值为 5.78；当 α_{max} 为 0.95，f_{UL} 极限值为 7.09；当 α_{max} 为 0.75，f_{UL} 极限值达到 8.24。由此可见，适当牺牲最大吸声系数，可以显著拓展最大有效吸声带宽。对 200 ～ 4000Hz 频率范围内的平均吸声系数进行分析，发现当 α_{max} 为 0.975、f_{UL} 极限值为 6.73 时，平均吸声系数达到最大值 0.77，如图 5-1 所示。

表 5-1 最大吸声系数和有效吸声频程极限值与相对声阻的关系

序号	相对声阻 r_{MPP}	最大吸声系数 α_{max}	有效吸声频程极限值 f_{UL}
1	1.0	1.0	5.78
2	1.58	0.95	7.09
3	1.93	0.90	7.60
4	2.26	0.85	7.95
5	2.62	0.80	8.17
6	3.0	0.75	8.24
7	3.42	0.70	8.15
8	3.90	0.65	7.80
9	4.44	0.60	7.06
10	5.08	0.55	5.55
11	5.83	0.50	1

考虑工程应用中结构需要具备一定的机械强度，将板厚设置为 1.0mm。图 5-2(a) 和图 5-2(b) 分别展示了板厚为 1.0mm、腔深为 40mm 的直通型圆孔微穿孔板的 f_{UL} 和 α_{max} 与孔径、穿孔率的关系。从图中可以看出，当孔径小于 0.1mm、穿孔率大于 5% 时，吸声频程趋于理论极限；当孔径和穿孔率同时较小时（孔径小于 0.1mm、穿孔率小于 10%）或当孔径和穿孔率同时较大时（孔径大于 0.15mm、穿

孔率大于 15%），吸声系数较小。吸声频程趋于理论极限对应的孔径和穿孔率变化范围与吸声系数接近最大值对应的范围不一致。由此可见，极限吸声频程和最大吸声系数很难同时获取。

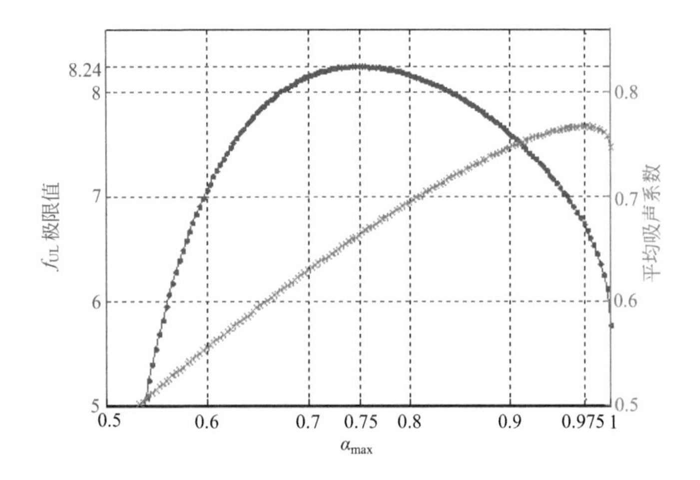

图 5-1　f_{UL} 极限值与平均吸声系数随 α_{max} 的变化规律

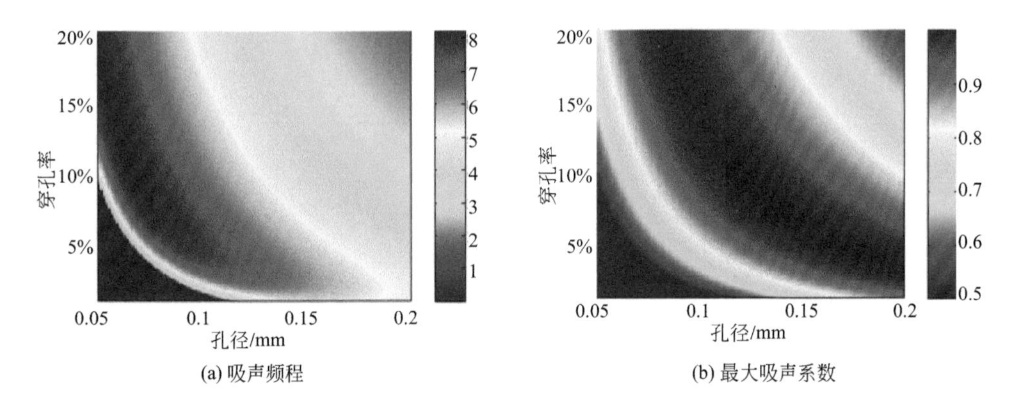

图 5-2　直通型圆孔微穿孔板在不同几何参数下的吸声性能

5.1.2　几何参数对吸声性能影响

影响微穿孔板结构声学性能的几何参数主要包括孔径、穿孔率、板厚、腔深和孔形。下面依次评估不同几何参数对相对声阻、相对声抗和吸声系数的影响。

（1）孔径的影响

保持穿孔率 ϕ 为 1%、板厚 h 为 0.5mm、腔深 D 为 40mm，孔径 d 依次取为 0.2mm、

0.4mm、0.6mm 和 0.8mm。图 5-3 绘制了孔径对相对声阻抗的影响规律，可以看出，随着孔径的增大，相对声阻显著降低，而相对声抗则略有增加，这与第 2 章和第 4 章中的结果是一致的。图 5-4 绘制了孔径对吸声系数的影响规律，可以看出，随着孔径的增大，吸收峰值对应的共振频率朝低频方向移动，半吸收带宽逐渐减小。

声阻随孔径的减小而增大，声抗随孔径的减小而减小，相对较小的孔径更容易获得与空气特性阻抗相匹配的声阻和声抗，这便是微穿孔板结构相比于普通穿孔板结构吸声性能大幅提升的原因。声阻对孔径变化较为敏感而声抗较为平缓的特点使孔径在微穿孔板结构设计中非常关键。

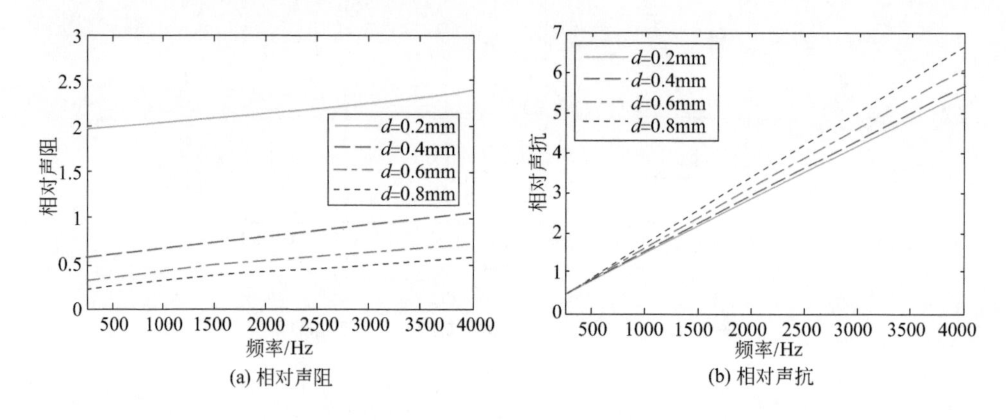

图 5-3　孔径对相对声阻抗的影响

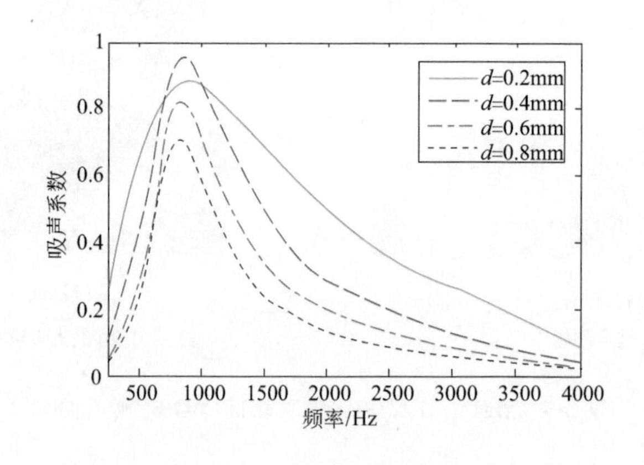

图 5-4　孔径对吸声系数的影响

（2）穿孔率的影响

保持孔径 d 为 0.5mm、板厚 h 为 0.5mm、腔深 D 为 40mm，穿孔率 ϕ 依次取为 0.5%、1%、2% 和 4%。图 5-5 绘制了穿孔率对相对声阻抗的影响规律，可以看出，随着穿孔率的增大，相对声阻和相对声抗均逐渐减小，且两者随着频率的变化率均有所降低。图 5-6 绘制了穿孔率对吸声系数的影响规律，可以看出，随着穿孔率的增大，吸收峰值对应的共振频率朝高频方向移动，半吸收带宽逐渐增加。

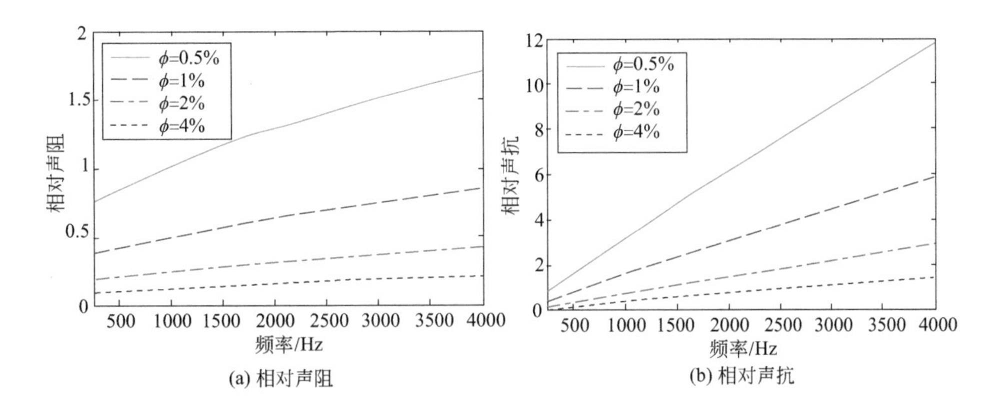

图 5-5　穿孔率对相对声阻抗的影响

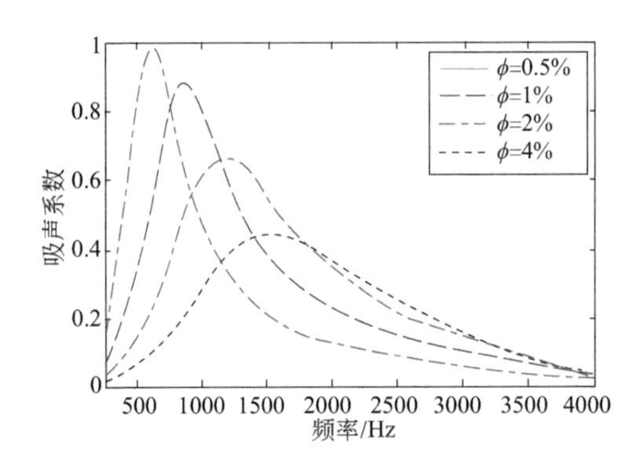

图 5-6　穿孔率对吸声系数的影响

穿孔率对声阻和声抗的影响基本一致。较大的穿孔率有利于降低声抗而拓展吸声带宽，较小的穿孔率有利于增加声阻。当声阻不足时，减小穿孔率能够增加声阻而获得较高的吸声系数；当声阻过大时，增加穿孔率能够降低声阻而获得较高的吸声系数。在微穿孔板结构设计中，穿孔率的主要作用是配合孔径等其他参数平衡好声阻和声抗的关系而获得良好的吸声性能。

（3）板厚的影响

保持孔径 d 为 0.5mm、穿孔率 ϕ 为 1%、腔深 D 为 40mm，板厚 h 依次取为 0.25mm、0.5mm、1.0mm 和 2.0mm。图 5-7 绘制了板厚对相对声阻抗的影响规律，可以看出，随着板厚的增大，相对声阻和相对声抗均逐渐增大。图 5-8 绘制了板厚对吸声系数的影响规律，可以看出，随着板厚的增大，吸收峰值对应的共振频率朝低频方向移动，半吸收带宽逐渐降低。

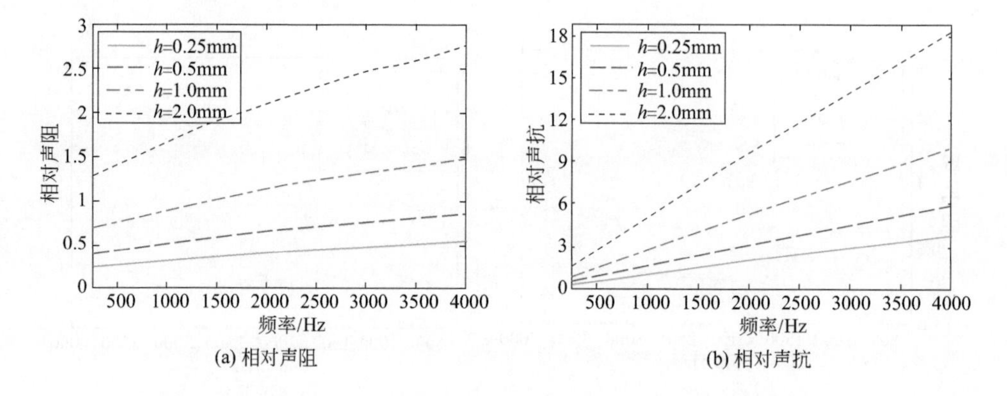

(a) 相对声阻　　(b) 相对声抗

图 5-7　板厚对相对声阻抗的影响

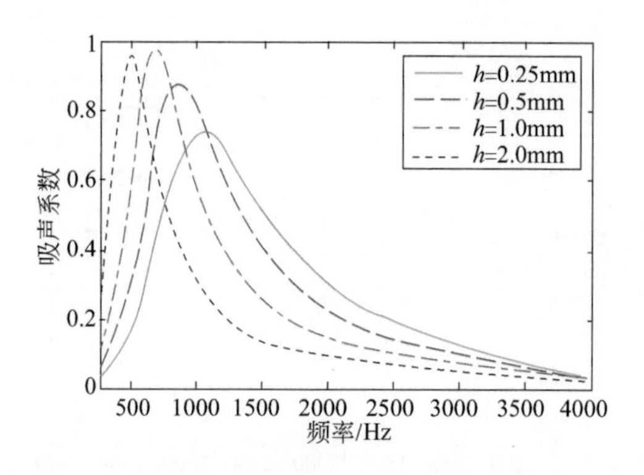

图 5-8　板厚对吸声系数的影响

板厚对声阻和声抗的影响与穿孔率的影响类似。较小的板厚有利于降低声抗而拓展吸声带宽，较大的板厚有利于增加声阻。当声阻不足时，增大板厚能够增加声阻而获得较高的吸声系数；当声阻过大时，减小板厚能够降低声阻而获得较高的吸声系数。

结合前面孔径和穿孔率的影响，可以得出，充足的声阻可以通过减小孔径、降低穿孔率或增大板厚而获得，较小的声抗可以通过增大孔径、增加穿孔率或减小板厚而获得。在微穿孔板结构设计中，考虑到孔径的影响显著区别于穿孔率和板厚，因此可以采取微孔、薄板和高穿孔率的参数组合来获得声阻和声抗的良好平衡关系，进而获得优异的吸声性能。

（4）腔深的影响

保持孔径 d 为 0.5mm、穿孔率 ϕ 为 1%、板厚 h 为 40mm，腔深 D 依次取为

20mm、40mm、60mm 和 80mm。图 5-9 绘制了腔深对背腔声抗和结构整体声抗的影响规律，可以看出，随着腔深的增大，背腔声抗和结构整体声抗的零值处和跳跃处对应的频率均降低。图 5-10 绘制了腔深对吸声系数的影响规律，可以看出，随着腔深的增大，吸收峰值对应的共振频率朝低频方向移动，半吸收带宽有所降低。

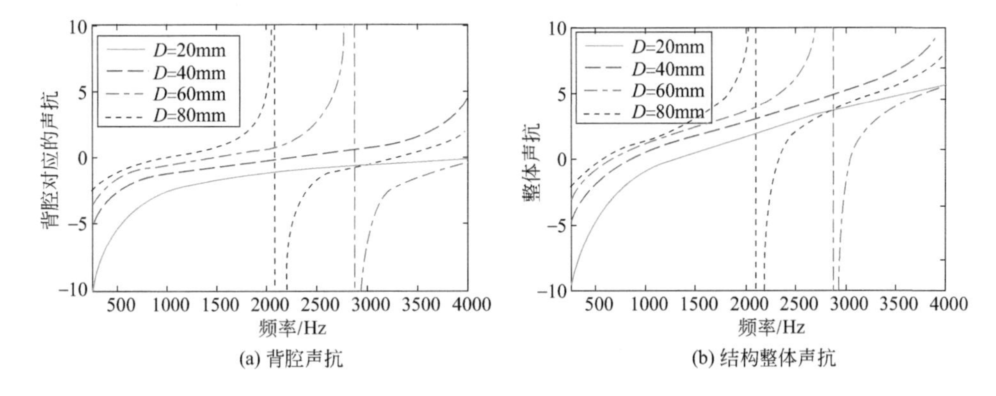

(a) 背腔声抗　　(b) 结构整体声抗

图 5-9　腔深对相对声抗的影响

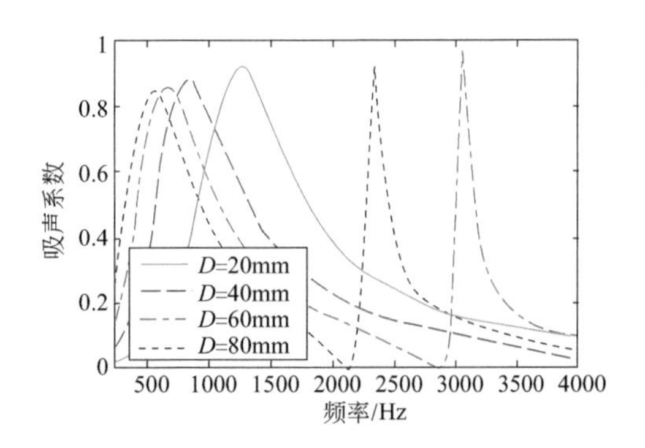

图 5-10　腔深对吸声系数的影响

腔深对微穿孔板本身的声阻抗没有影响，但对微穿孔板吸声结构的声抗影响较大。整体结构声抗为零处对应的频率即为共振频率。在微穿孔板结构结构设计中，腔深主要用来调节共振频率，一般采用较大的腔深获得较好的中低频吸声性能。

（5）孔形的影响

本小节分别研究 4 种不同孔形，包括三角孔、圆孔、方孔和缝孔（长宽比为 5），对孔内相对声阻抗的影响。首先保持孔的截面积 S 为 0.2mm²，板厚 h 为 0.5mm，穿孔率 ϕ 为 1%，分别研究在相同截面积下 4 种孔形对相对声阻抗的影响规律，如

图 5-11 所示。研究发现，相同截面积下，缝孔的相对声阻明显偏高，三角孔次之，圆孔和方孔比较接近，四者的相对声抗均比较接近。然后保持孔的特征尺寸（圆孔为直径，方孔和三角孔为边长，缝孔为缝宽）为 0.5mm，板厚 h 为 0.5mm，穿孔率 ϕ 为 1%，分别研究在相同特征尺寸下 4 种孔形对相对声阻抗的影响规律，如图 5-12 所示。研究发现，相同特征尺寸下，三角孔的相对声阻明显偏高，以下依次为圆孔、方孔和缝孔，四者的相对声抗差别不大，三角孔最大，以下依次为方孔、圆孔和缝孔。目前，常规的微穿孔板大多采用圆孔，较少采用其他孔形，然而缝孔和三角孔具备显著区别于圆孔的声阻抗特性，可以用来调节结构的声阻抗以获得更好的吸声性能。

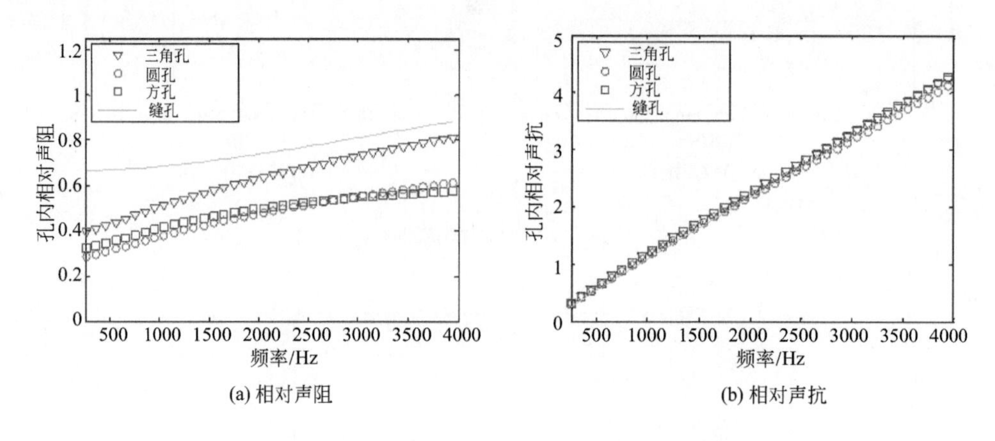

(a) 相对声阻　　(b) 相对声抗

图 5-11　相同截面积下不同孔形对相对声阻抗的影响

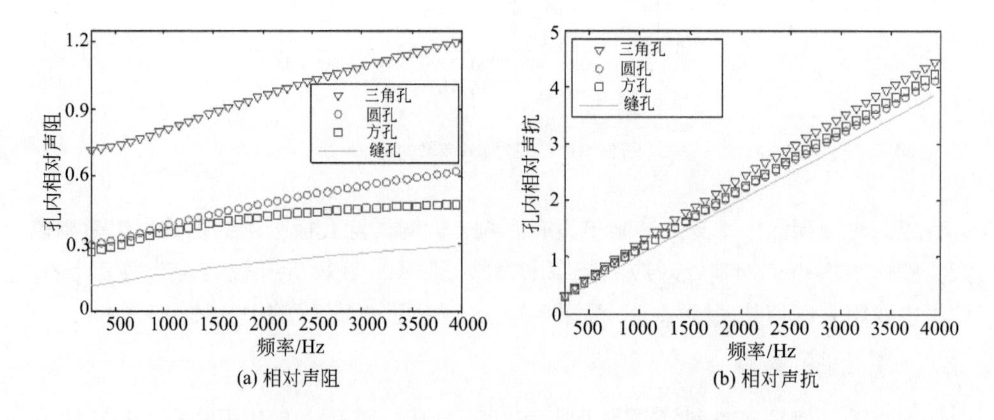

(a) 相对声阻　　(b) 相对声抗

图 5-12　相同特征尺寸下不同孔形对相对声阻抗的影响

实际微穿孔板设计中，研究人员可能更关注在相同板厚和单位面积孔数下，什么孔形对应的吸收频带更宽。进一步假设板厚 h 为 1.0mm，单位面积孔数为 25 万个（即对应基础单元的面积为 $4mm^2$），保持相对声阻为 1，4 种孔形的相对声抗如图 5-13 所示。相同声阻下，缝孔（长宽比为 10）的相对声抗明显偏低，三角孔、方孔和圆孔三者比较接近。缝孔的相对声抗随着长宽比的增加进一步降低，如图 5-14 所示。较小的声抗及其随频率的较低变化率有助于拓展微穿孔板结构的吸声带宽。

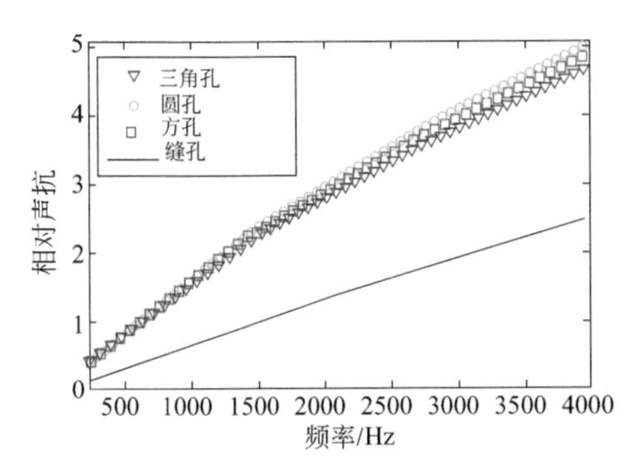

图 5-13　相对声阻为 1 时不同孔形对相对声抗的影响

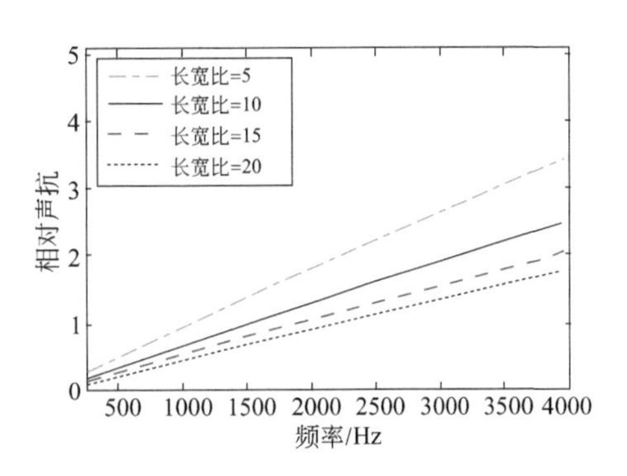

图 5-14　相对声阻为 1 时不同长宽比的缝孔对相对声抗的影响

5.2　微穿孔板串并联组合结构

设计良好的单层微穿孔板，吸声峰值能够达到 0.9 以上，吸声带宽可以达到 2 ～ 3 个倍频程。要想进一步提升微穿孔板结构的吸声性能，一种途径是采用更严苛的结构设计参数将单层微穿孔板的吸声性能发挥到极致水平；另一种途径是借助微穿孔板串并联结构，形成多个共振峰，从而拓展吸声带宽，提升吸声性能。

5.2.1　串联结构

自从微穿孔板的概念被提出之后，国内外很多学者都对多层微穿孔板吸声结构进行了研究。数值研究表明双层微穿孔板吸声结构可以实现 4 个倍频带的吸声性能 [3]。Pfretzschner 等提出了将一层孔径较大的穿孔板和一层孔径较小、穿孔率较高的丝网组合成的微穿孔插入结构单元，运用声电类比探究了其吸声性能并与实验数据进行了对比验证 [4]。张斌等运用传递矩阵法预测了多层微穿孔板的吸声性能[5]。祝瑞银研究了双层微穿孔板吸声系数的计算，并运用遗传算法对其结构参数进行了优化[6]。张晓杰利用声电类比的方法研究了单层至四层微穿孔板的吸声性能并与实验进行了对比验证[7]。赵晓丹等计算了三层微穿孔板的吸声系数，并运用遗传算法对其结构参数进行了优化[8]。考虑到将两层微穿孔板之间的空腔近似等效于一个声容的做法会引入误差，Sakagami 等运用亥姆霍兹 - 基尔霍夫积分公式对双层微穿孔板结构的吸声性能进行了理论分析[9]，给出了双层和三层微穿孔板以及微穿孔板与透声薄膜复合双层结构的吸声性能[10-13]。Cobo 等提出了一种可实现宽带的三层微穿孔板结构，并运用退火算法实现了优化设计，其吸声系数高于 0.9 的带宽高达 3.5 个倍频带[14, 15]。综上，采用多层微穿孔板串联结构可以显著提升整体结构的吸声性能。

对于双层微穿孔板串联结构，其 T 型网络表示的等效电路图如图 5-15 所示。

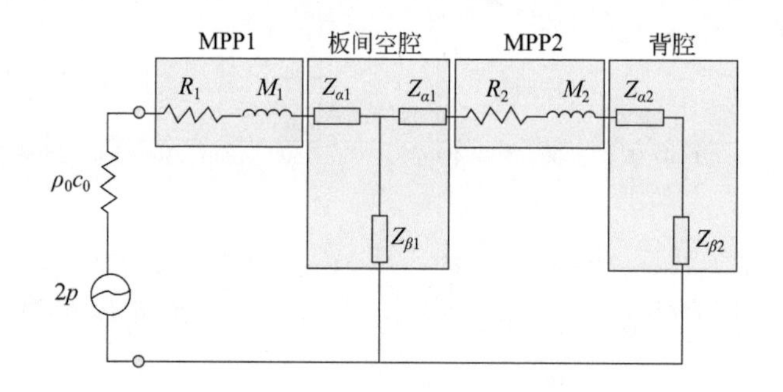

图 5-15　双层微穿孔板的等效电路图

根据电路图，可以写出双层微穿孔板结构的声阻抗率为

$$Z = R_1 + \mathrm{i}\omega M_1 + Z_{\alpha1} + Z_{\beta1}\frac{Z_{\alpha1} + R_2 + \mathrm{i}\omega M_2 + Z_{\alpha2} + Z_{\beta2}}{Z_{\beta1} + Z_{\alpha1} + R_2 + \mathrm{i}\omega M_2 + Z_{\alpha2} + Z_{\beta2}} \tag{5-8}$$

式中，R_j 和 M_j 为第 j 层微穿孔板对应的声阻和声质量，$j=1, 2$；$Z_{\alpha j}$ 和 $Z_{\beta j}$ 为第 j 层微穿孔板背腔对应的 T 型网络阻抗，详见 2.5.1 节。

对双层微穿孔板结构的吸声性能进行优化设计，设目标函数为

$$A = \int_{f_\mathrm{L}}^{f_\mathrm{U}} \alpha(f)\mathrm{d}f \tag{5-9}$$

式中，f_L 表示下限频率；f_U 表示上限频率。

考虑设计两种优化目标。优化一：在相应频段范围内吸声曲线与频率轴所围成面积最大，即求取max(A)。在 200 ～ 4000Hz 频段范围内，考虑微穿孔板的工程应

用现状和加工能力，将约束条件设置如下：

① 背腔深度：$D_1 + D_2 = 120\text{mm}$

② 穿孔率：$\phi_j \leqslant 6\%$；

③ 板厚：$0.5\text{mm} \leqslant h_j \leqslant 1.5\text{mm}$；

④ 微孔直径：$0.2\text{mm} \leqslant d_j \leqslant 1\text{mm}$。

优化二：在优化一的基础上，再增加一个约束条件。

⑤ 设置最小吸声系数不得小于0.5，即$\alpha(f) \geqslant 0.5$，$250\text{Hz} \leqslant f \leqslant 4000\text{Hz}$。

对双层微穿孔板按照优化一进行优化，得到第一层微穿孔板孔径$d_1 = 0.2\text{mm}$，板厚$h_1 = 0.76\text{mm}$，穿孔率$\phi_1 = 6\%$，背腔深度$D_1 = 16.8\text{mm}$；第二层微穿孔板孔径$d_2 = 0.2\text{mm}$，板厚$h_2 = 1.45\text{mm}$，穿孔率$\phi_2 = 6\%$，背腔深度$D_2 = 103.2\text{mm}$，整体结构吸声性能如图5-16中实线所示。对双层微穿孔板按照优化二进行优化，得到第一层微穿孔板孔径$d_1 = 0.2\text{mm}$，板厚$h_1 = 0.82\text{mm}$，穿孔率$\phi_1 = 6\%$，背腔深度$D_1 = 20.4\text{mm}$；第二层微穿孔板孔径$d_2 = 0.2\text{mm}$，板厚$h_2 = 1.5\text{mm}$，穿孔率$\phi_2 = 5.11\%$，背腔深度$D_2 = 99.6\text{mm}$，整体结构吸声性能如图5-16中虚线所示。

对三层微穿孔板串联结构按照优化一进行设置，得到第一层微穿孔板孔径$d_1 = 0.2\text{mm}$，板厚$h_1 = 0.53\text{mm}$，穿孔率$\phi_1 = 6\%$，背腔深度$D_1 = 15.8\text{mm}$；第二层微穿孔板孔径$d_2 = 0.2\text{mm}$，板厚$h_2 = 0.73\text{mm}$，穿孔率$\phi_2 = 6\%$，背腔深度$D_2 = 24.5\text{mm}$；第三层微穿孔板孔径$d_3 = 0.2\text{mm}$，板厚$h_3 = 1.28\text{mm}$，穿孔率$\phi_3 = 6\%$，背腔深度$D_3 = 79.7\text{mm}$。双层微穿孔板和三层微穿孔板在相同优化约束条件下，优化结果如图5-17所示。该图显示了在500～4000Hz时吸声系数与频率轴围成面积最大的双层微穿孔板和三层微穿孔板结果，可见，随着微穿孔板层数的增加，整体结构的吸声能力得到显著拓展。

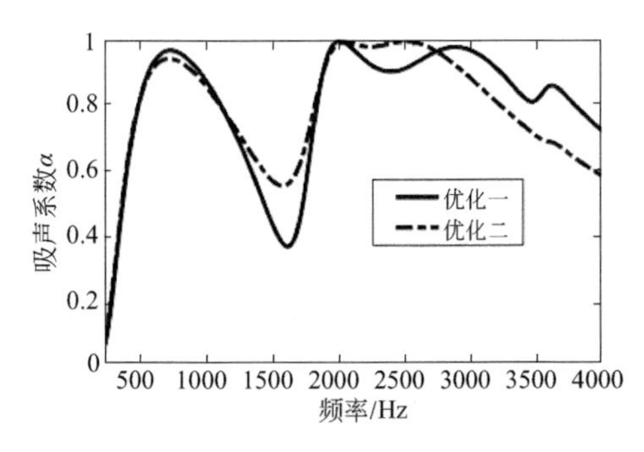

图5-16 双层微穿孔板优化结果

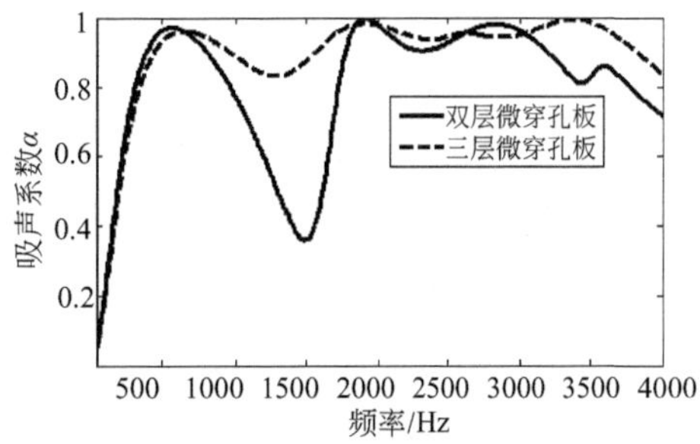

图5-17 双层和三层微穿孔板优化结果

5.2.2 并联结构

多组不同参数的微穿孔板结构并联也可以形成多个共振峰，有利于拓宽整体结构的吸声带宽。不同参数的微穿孔板结构单元并联后的声阻抗率为

$$Z_{\text{tot}} = \left(\sum_{j=1}^{n} \frac{A_j}{Z_j} \right)^{-1} \tag{5-10}$$

式中，$A_j = S_j / S_{\text{tot}}$，$S_j$ 为第 j 个单元的面积，S_{tot} 为 n 个单元的总面积；Z_j 为第 j 个单元的声阻抗率。

（1）等深背腔

以两组微穿孔板结构单元并联为例进行说明。第一组几何参数为（d_1, ϕ_1, h_1），第二组几何参数为（d_2, ϕ_2, h_2）。当两组单元之间设置分隔挡板，背腔结构一致，其结构与等效电路如图 5-18 所示。假定两组微穿孔板的面积相等，则整体结构的声阻抗率为

$$Z_{\text{tot}} = \frac{2Z_1 Z_2}{Z_1 + Z_2} \tag{5-11}$$

式中，$Z_j = Z_{\text{MPP},\,j} - \mathrm{i}\rho_0 c_0 \cot(kD_j)$，$Z_{\text{MPP},\,j}$ 为第 j 块微穿孔板的声阻抗率，j=1,2。

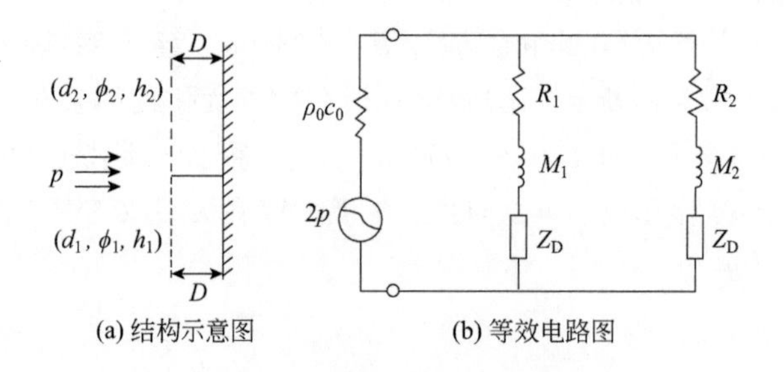

图 5-18 等深背腔并联结构

下面以表 5-2 列出的两组微穿孔板结构单元的几何参数为例，说明并联组合结构的吸声性能。单一微穿孔板结构和并联结构的相对声阻抗如图 5-19 所示，吸声系数如图 5-20 所示，吸声性能列于表 5-3。

表 5-2 两组微孔并联组合结构几何参数

编号	孔径 d/mm	板厚 h/mm	孔间距 b/mm	穿孔率 ϕ	背腔深度 D/mm
MPP1	0.3	1.0	2	1.77%	50
MPP2	0.5	1.0	6	0.55%	50

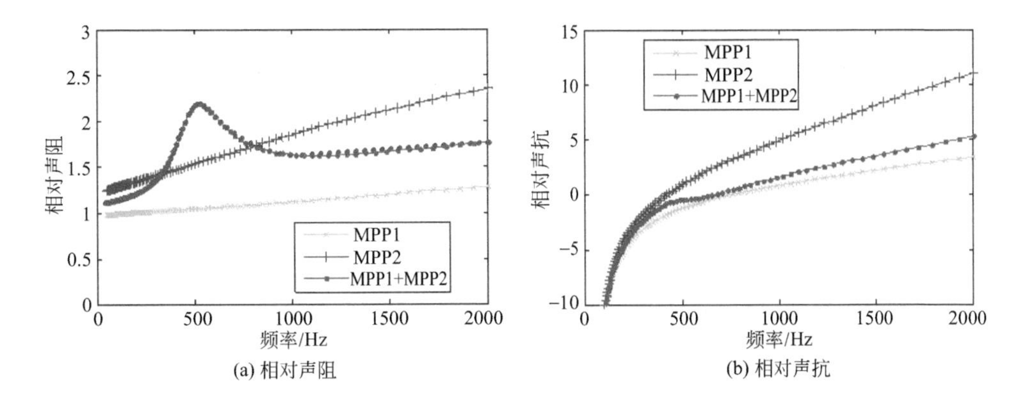

图 5-19　单一微穿孔板与等深背腔并联结构的相对声阻抗

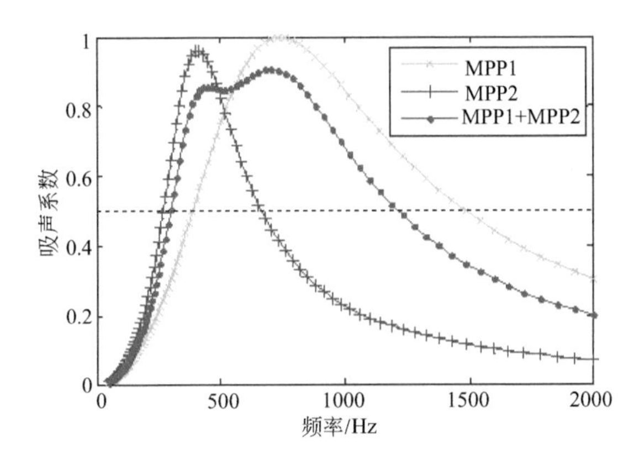

图 5-20　单一微穿孔板与等深背腔并联结构的吸声系数

表 5-3　单一微穿孔板与等深背腔并联结构的吸声性能对比

性能参数	MPP1	MPP2	并联
孔径 d/mm	0.3	0.5	—
孔间距 b/mm	2.0	6.0	—
穿孔率 ϕ	1.77%	0.55%	—
板厚 h/mm	1.0	1.0	1.0
最低有效吸声频率 f_L/Hz	388	278	299
最高有效吸声频率 f_U/Hz	1430	654	1187
f_{UL}	3.69	2.35	3.97
最大吸声系数 α_{max}	1.0	0.96	0.91
单位面积孔数 / $\times 10^3$	250	27	139

MPP1 的吸声性能较好，吸声频程 f_{UL} 为 3.69，但其孔径较小，单位面积穿孔数较多，加工难度较大；MPP2 的吸声性能一般，带宽较窄，但其孔径较大，单位面积穿孔数较少，加工难度较小；MPP1 和 MPP2 组合结构吸声频程 f_{UL} 达到 3.97，吸声带宽有所拓宽，最大吸声系数有所降低，单位面积穿孔数比 MPP1 减少，加工难度降低。

（2）非等深背腔

考虑面板参数一致、背腔参数不一致的情况，以两组微穿孔结构单元 L 型分割背腔为例进行说明。第一组背腔深度为 D_1，第二组背腔深度为 D_2，如图 5-21(a) 所示。在声波垂直入射下，L 型分割背腔并联结构的等效电路如图 5-21(b) 所示。

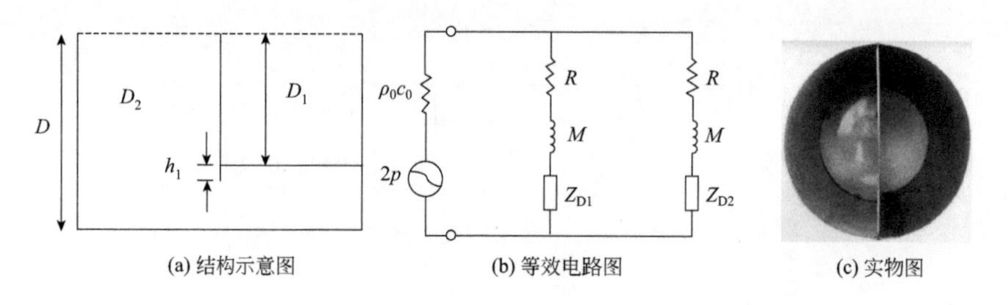

图 5-21　L 型分割背腔并联结构

假定两个腔对应的微穿孔板的面积相等，则整体结构的声阻抗率仍然按式（5-10）进行计算，其中$Z_j = Z_{MPP} - \mathrm{i}\rho_0 c_0 \cot(kD_j)$，$D_j$为微穿孔板后的等效空腔深度，$D_2=D+(D-D_1)$。

加工制备 L 型分割背腔并联结构，D_1=70mm，D=100mm，如图 5-21(c) 所示。微穿孔板的参数为孔径 d=0.2mm，板厚度 h=1.0mm，穿孔率 ϕ=4.2%。图 5-22 给出了加装 L 型分割背腔前后微穿孔板结构的吸声系数，可以看出，增加 L 型分割背腔以后，低频和中频的性能均得到了改善，吸声频带宽度有所拓展。图 5-23 为阻抗管实验测得的 L 型分割背腔并联结构的吸声性能与数值模拟结果的对比，结果基本一致。图 5-24 分别给出了加装 L 型分割背腔前后微穿孔板结构的相对声阻和相对声抗的变化，当频率低于 690Hz 时，分割背腔结构的声阻高于单层微穿孔板结构；当频率大于 234Hz 时，分割背腔结构能提供较低的声抗 [16, 17]。

图 5-25(a) 显示了三腔 L 型分割背腔，等效空腔深度分别为 D_1=55mm，D_2=88.4mm，D_3=141.9mm。微穿孔板的结构参数为：穿孔率 ϕ=4.2%，孔径 d= 0.2mm，穿孔板厚度 h=1.0mm。图 5-25(b) 为实验制备的三腔 L 型分割背腔并联结构，图 5-26 为加三腔 L 型分割背腔前后微穿孔板结构吸声系数，可以看出，增加三腔 L 型分割背腔以后，微穿孔板的低频和中频的性能都得到了改善。相对于两腔分

割结构，三腔分割结构在高频处吸声系数显著提高。

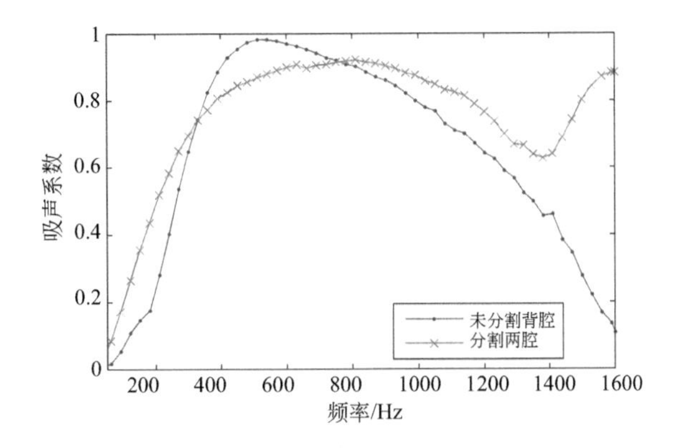

图 5-22　加装 L 型分割背腔前后微穿孔板结构的吸声系数

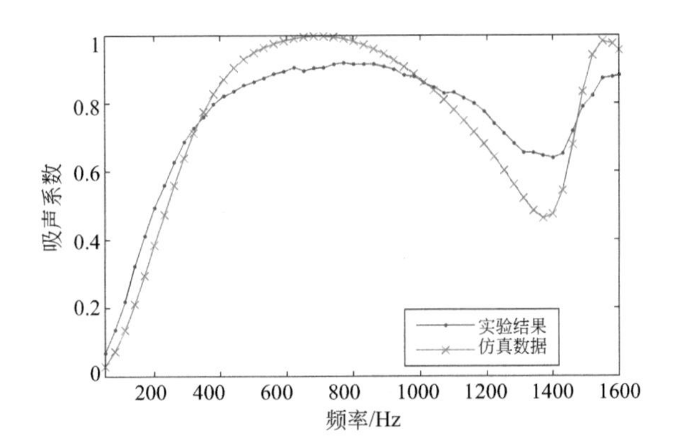

图 5-23　L 型分割背腔并联结构的实验和仿真吸声系数

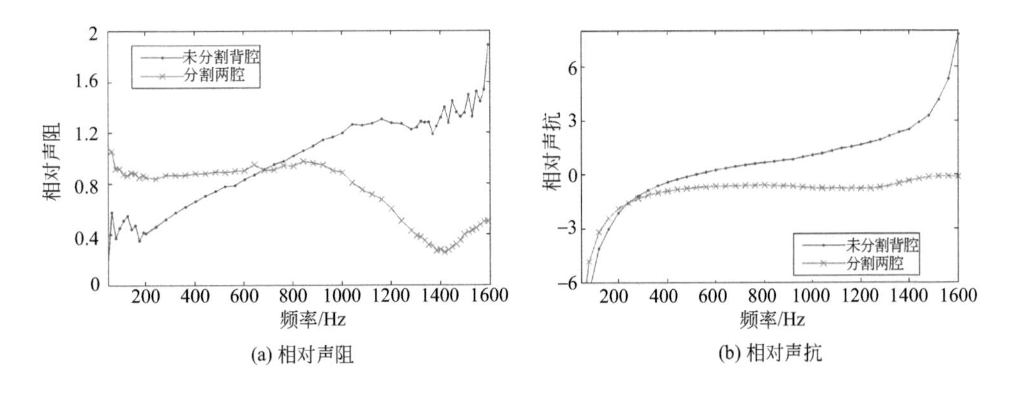

(a) 相对声阻　　(b) 相对声抗

图 5-24　加装 L 型分割背腔前后微穿孔板结构的相对声阻抗

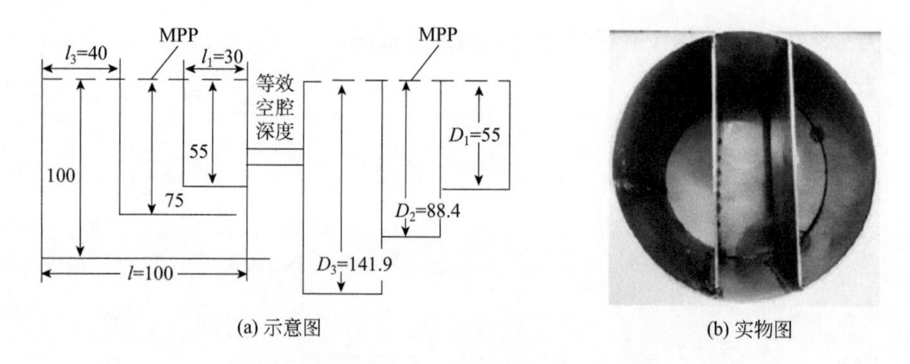

(a) 示意图　　(b) 实物图

图 5-25　三腔 L 型分割背腔的微穿孔板吸声结构

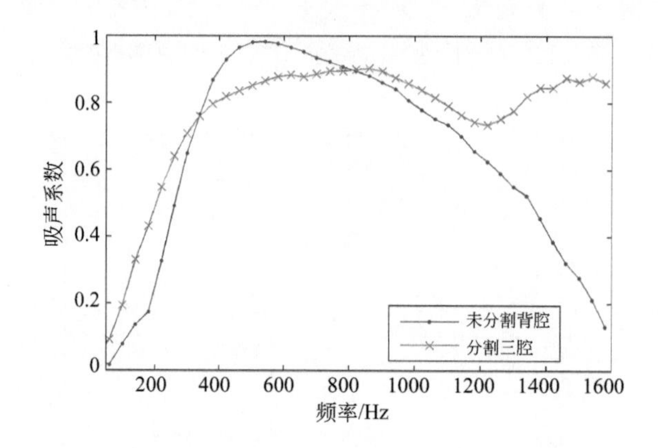

图 5-26　加装三腔 L 型分割背腔前后的微穿孔板结构的吸声系数

（3）微穿孔板与空腔并联结构

微穿孔板与空腔并联结构在声波作用下，并联空腔的声辐射会与微穿孔板相互耦合，产生新的物理现象。利用该耦合现象，可对缺乏合理设计的微穿孔板在材料使用阶段进行补救，可提升整体结构的吸声性能。考虑一微穿孔板参数为孔径 0.8mm，穿孔率 4.3%，厚度 1mm，背腔 50mm。该参数组合下微穿孔板结构的吸声性能较差。因此，采用微穿孔板并联空腔结构，如图 5-27(a) 所示，该结构在特定频段表现出声学虹吸效应 [18]，如图 5-27(b) 所示。

采用传递矩阵方法计算并联结构的声阻抗率。当声波入射后，并联空腔的末端近似硬边界；声波反射后，在并联空腔管口处发生声辐射与微穿孔板相互耦合。理论上，耦合项对于微穿孔板和空腔是互易的，但考虑计算复杂程度，可将耦合项仅纳入并联空腔部分的传递矩阵中，微穿孔板部分的传递矩阵可参考式（2-100）直接给出，由此得到并联空腔的传递矩阵为

$$\boldsymbol{T}_{\mathrm{CD}}=\boldsymbol{T}_{\mathrm{C}}\boldsymbol{T}_{\mathrm{D}}=\boldsymbol{T}_{\mathrm{C}}\begin{bmatrix}\cos(kD) & \mathrm{i}\rho_0 c_0\sin(kD)\\ \mathrm{i}\sin(kD)/\rho_0 c_0 & \cos(kD)\end{bmatrix} \tag{5-12}$$

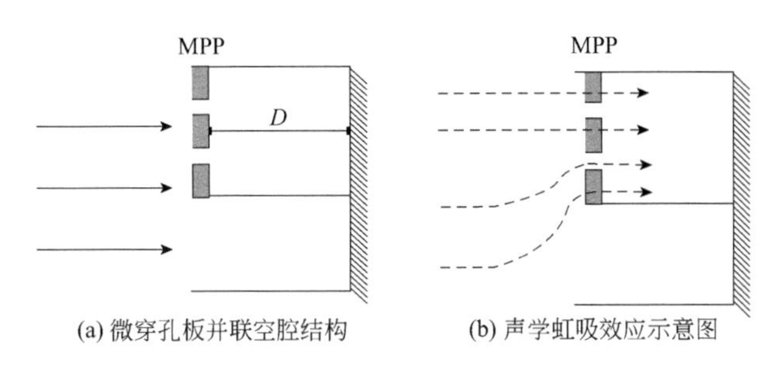

图 5-27　微穿孔板与空腔并联结构

式中，$\boldsymbol{T}_{\mathrm{C}}$ 是空腔和微穿孔板的耦合项。结构整体的声阻抗率可由$1/Z_{\mathrm{tot}}=A_1/Z_3+(1-A_1)/Z_{\mathrm{CD}}$计算得出。其中，$Z_3$ 是微穿孔板结构的表面声阻抗率，根据式（2-101）可得；Z_{CD} 是空腔的表面声阻抗率，由式（5-12）中空腔的转移矩阵 $\boldsymbol{T}_{\mathrm{CD}}$ 可得。

选择两组微穿孔板与空腔并联结构（微穿孔板面积占比 A_1 分别为 0.75 和 0.5）开展实验，结构实物如图 5-28 所示。

图 5-28　微穿孔板与空腔并联结构实物图

运用阻抗管测试并联结构的吸声系数，测试频率范围为 400 ～ 1600Hz，实验结果如图 5-29 所示。从图中可知，并联结构明显提升了吸声性能。当 A_1 为 0.75 时，该结构在 902 ～ 1140Hz 频段之间的吸声系数大于完整微穿孔板的吸声系数，在 1076Hz 处具有 0.99 的吸声峰。当 A_1 为 0.5 时，结构的吸声系数在 884 ～ 1040Hz 大于完整微穿孔板的吸声系数，在 980Hz 处具有 0.89 的吸声峰。

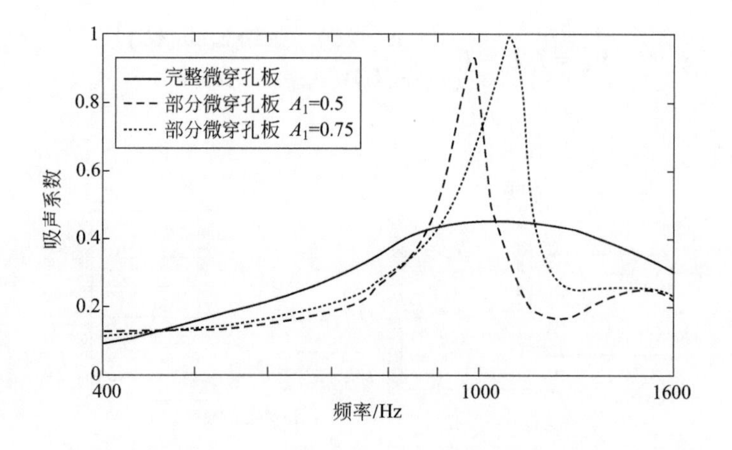

图 5-29 微穿孔板与空腔并联结构的吸声系数

利用有限元方法计算了两种结构的吸声性能，结果如图 5-30 所示。两种结构仿真得到的吸声带宽和吸声峰与实验结果基本一致。吸声曲线产生差别的主要原因可能是装配过程中引起穿孔率的变化和密封等问题。

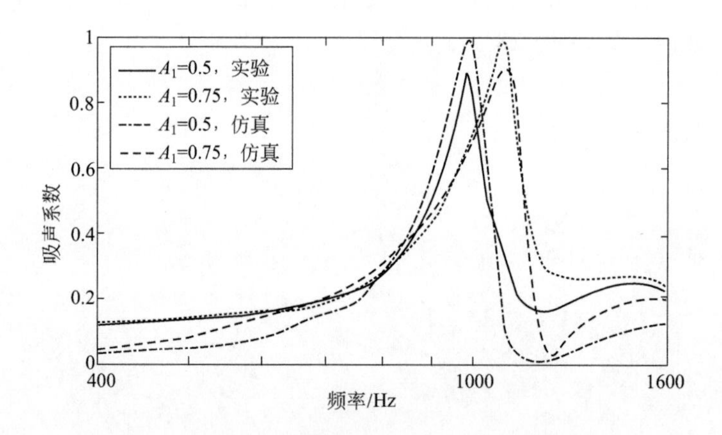

图 5-30 微穿孔板与空腔并联结构吸声系数仿真和实验结果对比

利用有限元仿真可以获得微穿孔板与空腔并联结构中的声流线。当 A_1 为 0.5，频率为 982Hz 时，截取该结构的局部声流线如图 5-31 所示。从图中可知，入射声波在空腔和微穿孔板的界面处发生明显偏转，大部分转向了微穿孔板结构，表现出明显的声学虹吸现象。

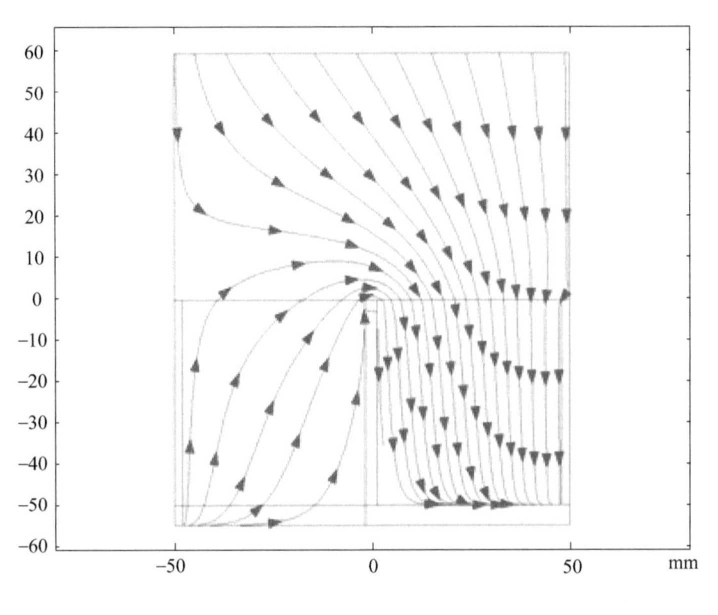

图 5-31　声流线图

5.3 变截面微穿孔板

根据 5.1.2 小节的讨论可知，较薄的微穿孔板易于平衡声阻和声抗，从而获得良好的吸声性能，但在机械强度方面有所不足。如果增加板厚以提升机械强度，会导致微孔的声阻过大，必须配合较高的穿孔率才能与空气的特性阻抗相匹配。然而在厚板上加工较高穿孔率的微孔在工程应用中难以实现，因此学者们提出了变截面微穿孔板。Randeberg[19] 提出了喇叭形变截面微孔可以形成声阻抗的渐变，有助于结构的声阻抗更好地与空气特性阻抗相匹配。Sakagami 等 [20] 研究了在较厚板上加工锥形孔提升穿孔板的吸声性能。Herdtle 等 [21] 研究了锥形孔的传递阻抗，将锥形孔切成厚度无限小的薄层并认为每个薄层是等截面的，然后计算每个薄层的声阻抗并沿厚度方向积分得到锥形孔微穿孔板的声阻抗。Qian 等 [22] 仿真分析了锥形微孔的声阻抗并与实验进行了对比研究。王静云等 [23] 应用粒子群优化算法设计优化了锥形孔微穿孔板吸声结构。

上述研究中微孔截面沿轴向均是渐变的。卢伟健等 [24] 提出了突变型变截面微穿孔板。该结构由两层不同孔径的微穿孔板串联而成，阻抗末端修正为各层单边末端修正之和，忽略了内部孔径突变引起的额外声阻抗。何立燕等 [25] 利用熔芯浇注成型方法制备了具备变截面孔的环氧树脂基微穿孔板，实验测试了直通孔、小锥形孔、大锥形孔和台阶孔的声阻抗率和吸声系数，并进行了对比分析。吕世明 [26] 发明了一种在金属板材上利用滚压拉伸技术制作微孔的方法，加工得到的微孔截面的形状和面积在孔内发生了两次突变，该微穿孔板吸声结构声学性能优越。Liu 等 [27] 和王卫辰等 [28, 29] 运用最小二乘法将复杂的变截面微孔简化为具有等效几何参数的经典圆孔进行了研究。

变截面微孔包括渐变型和突变型两种结构，本节将分别从渐变型、阶梯型、错位型和夹层型展开介绍。

5.3.1 渐变型

圆锥孔是一种典型的渐变型结构。对于如图 5-32 所示的小锥角圆锥孔，参考 Herdtle 的研究方法 [21]，将圆锥孔切成厚度无限小的薄层并认为每个薄层是等截面的，计算每个薄层的声阻抗并考虑穿孔率的影响，然后沿着厚度方向积分得到圆锥孔微穿孔板的孔内声阻抗率如下：

$$Z_{\text{tap}} = i\omega\rho_0\int_0^h \frac{1}{\phi_x}\left[1-\frac{2}{k_{\text{S},x}\sqrt{-\text{i}}}\frac{\text{J}_1\left(k_{\text{S},x}\sqrt{-\text{i}}\right)}{\text{J}_0\left(k_{\text{S},x}\sqrt{-\text{i}}\right)}\right]^{-1}\text{d}x \tag{5-13}$$

式中，$k_{\text{S},x}$ 为 x 处薄层对应的穿孔常数，$k_{\text{S},x}=\dfrac{d_x}{2}\sqrt{\rho\omega/\eta}$，$d_x$ 为 x 处薄层对应的直径，$d_x=d_1+(d_2-d_1)x/h$，d_1 为小孔端直径，d_2 为大孔端直径，h 为板的厚度；ϕ_x 为截面 x 处的穿孔率，$\phi_x=\pi\, d_x^2/(4b^2)$，$b$ 为孔间距。其末端修正可以参考式（4-9a）和式（4-9b）计算得到。

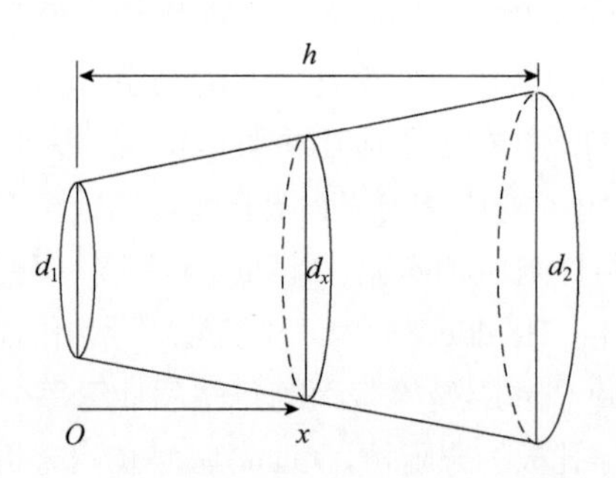

图 5-32　圆锥孔示意图

对圆锥孔微穿孔板进行热黏性声学有限元仿真建模，仿真模型如图 5-33 所示，几何参数如表 5-4 所示。

表 5-4　圆锥孔微穿孔板几何参数

小孔端直径 d_1/mm	大孔端直径 d_2/mm	板总厚度 h/mm	孔间距 b/mm	锥角/rad
0.3	0.6	0.8	3.0	0.19

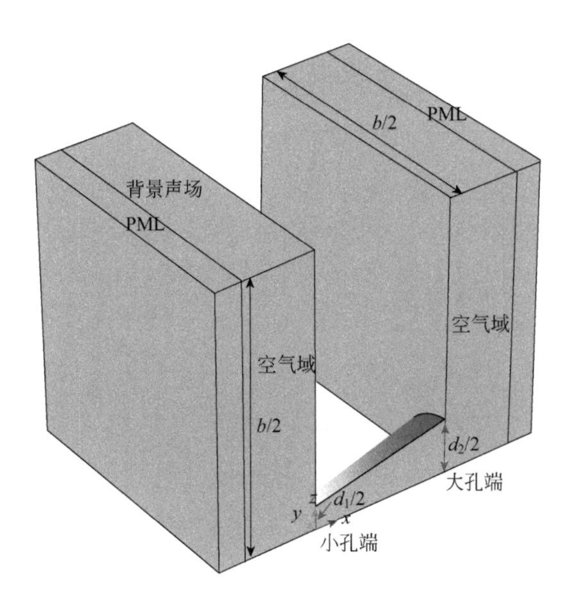

图 5-33　仿真模型示意图

仿真得到了孔内外的声学参量分布，图 5-34(a)、图 5-35(a) 和图 5-36(a) 分别给出了 1000Hz 频率处的孔内外总声压、局部速度的平面分布以及总黏热能量损失密度的等值线分布。从图 5-34(a) 可以看出，声压在入射端较高，并沿板厚方向逐渐递减，孔内声压沿截面基本保持不变，这与 3.3 节的理论分析结果是一致的；孔外的声压在孔口附近较大，远离孔口处较小。从图 5-35(a) 可以看出，小孔端速度显著偏高，壁面处速度为零，靠近孔中心处速度较大，速度分布在声波入口端呈现“帽子”的形状，表示在声波作用下孔内质点会带动孔外质点一起运动。从图 5-36(a) 可以看出，孔内黏滞层内和声波入口端的黏热能量损失密度显著偏高。

图 5-34(b)、图 5-35(b) 和图 5-36(b) 分别给出了总声压、局部速度和总黏热能量损失密度的截面平均值沿厚度方向的变化规律。作为对比，孔径分别为 0.3mm 和 0.6mm 的直通型圆孔微穿孔板的截面分布情况也绘制在图中。从图 5-34(b) 可以看出，直通型圆孔内的截面平均声压呈线性递减，且孔越小递减速率越大；圆锥孔内的截面平均声压逐渐减小，且小孔端的递减速率远大于大孔端；两端的声压均介于两组直通型圆孔之间。从图 5-35(b) 可以看出，直通型圆孔内的截面平均速度保持不变，且孔越小速度越高；圆锥孔内的截面平均速度从小孔端逐渐减小到大孔端，小孔端的速度高于直通型圆孔（孔径 0.3mm），大孔端的速度低于直通型圆孔（孔径 0.6mm）；小孔端速度衰减梯度远大于大孔端。从图 5-36(b) 可以看出，直通型圆孔内的截面平均能量损失密度基本保持不变，且孔越小能量损失密度越大；圆

锥孔内的截面平均能量损失密度从小孔端逐渐减小到大孔端，小孔端的能量损失密度远大于直通型圆孔（孔径 0.3mm），大孔端的能量损失密度略低于直通型圆孔（孔径 0.6mm）；小孔端能量损失密度衰减梯度远大于大孔端。

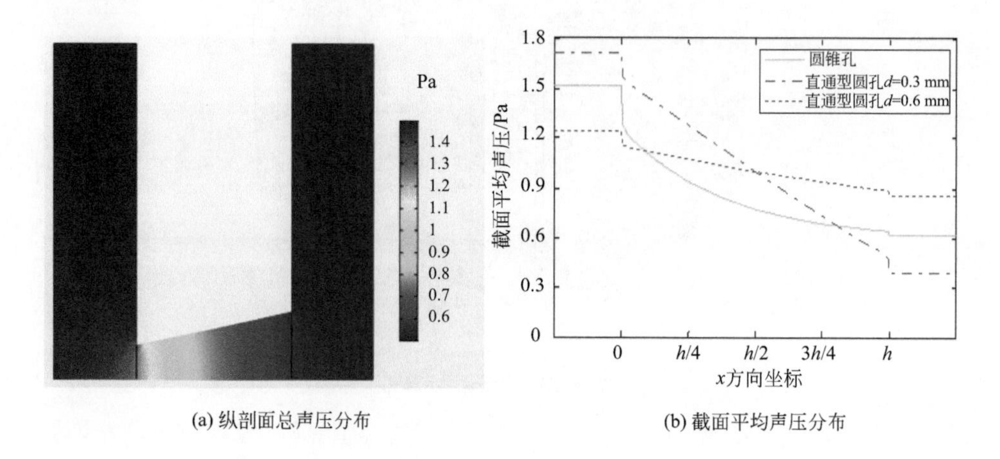

(a) 纵剖面总声压分布　　(b) 截面平均声压分布

图 5-34　总声压分布（1000Hz）

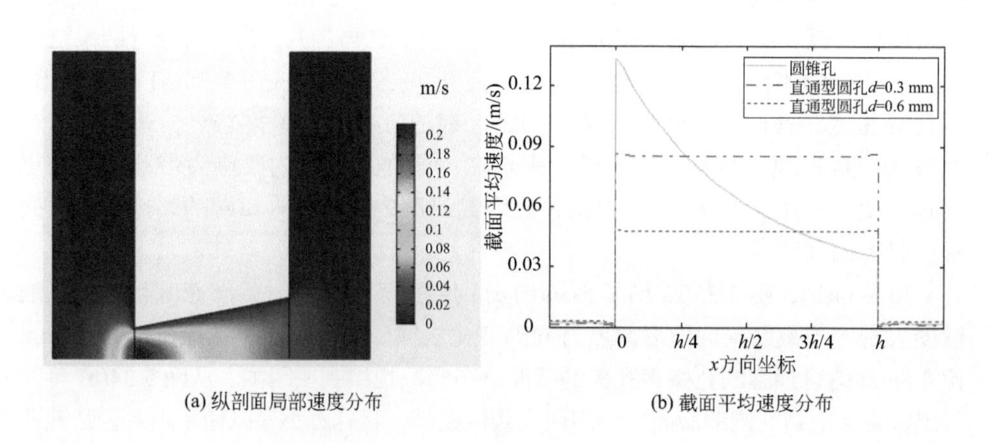

(a) 纵剖面局部速度分布　　(b) 截面平均速度分布

图 5-35　局部速度分布（1000Hz）

参考 4.4 节，计算得到上述圆锥形孔微穿孔板的传递阻抗，如图 5-37 所示。从图中可以看出，模型计算的声抗与仿真结果一致，模型计算的声阻偏小，原因可能在于模型忽略了某些额外产生的声阻，5.3.2 小节将进一步讨论这个问题。

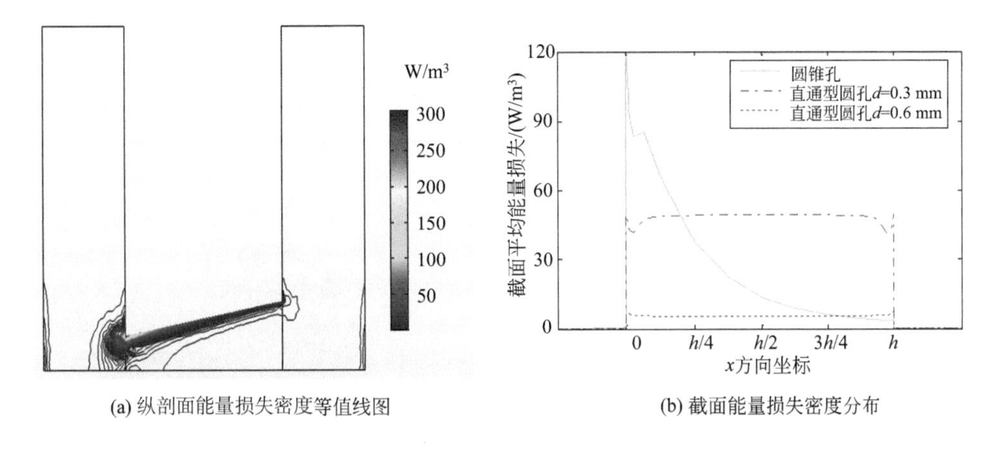

(a) 纵剖面能量损失密度等值线图　　(b) 截面能量损失密度分布

图 5-36　总黏热能量损失密度分布（1000Hz）

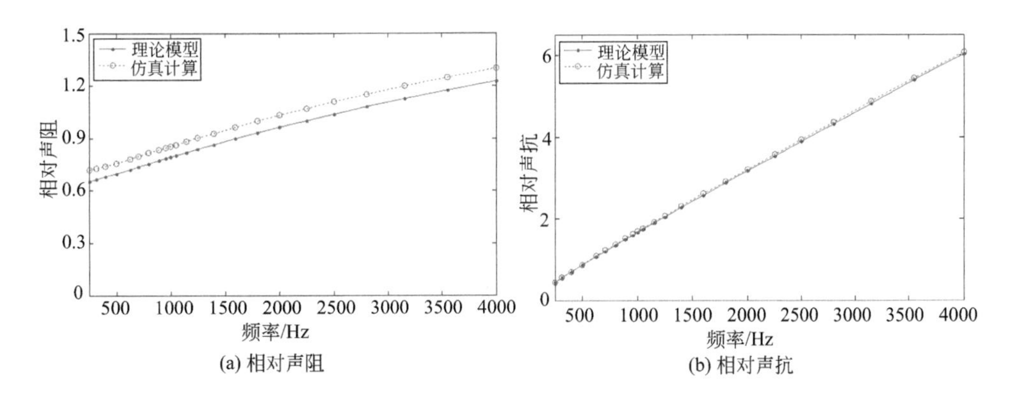

(a) 相对声阻　　(b) 相对声抗

图 5-37　声阻抗理论模型与仿真计算结果对比

5.3.2　阶梯型

阶梯型微孔是一种典型的突变型结构，微孔的尺寸沿厚度方向发生了突变。下面以两段阶梯型圆孔为例进行说明。参考 4.3 节的方法对阶梯型圆孔结构进行仿真建模，其中，小孔直径为 d_1，大孔直径为 d_2，两段孔的厚度分别为 h_1 和 h_2，板的总厚度为 h，即两段微孔的总长度，孔间距为 b。详细几何参数如表 5-5 所示，仿真结构如图 5-38(a) 所示，网格划分情况如图 5-38(b) 所示 [30, 31]。

表 5-5 仿真模型的微孔结构参数

参数	小孔直径 d_1/mm	大孔直径 d_2/mm	小孔长度 h_1/mm	大孔长度 h_2/mm	孔间距 b/mm
数值	0.5	1.0	0.6	0.6	4.0

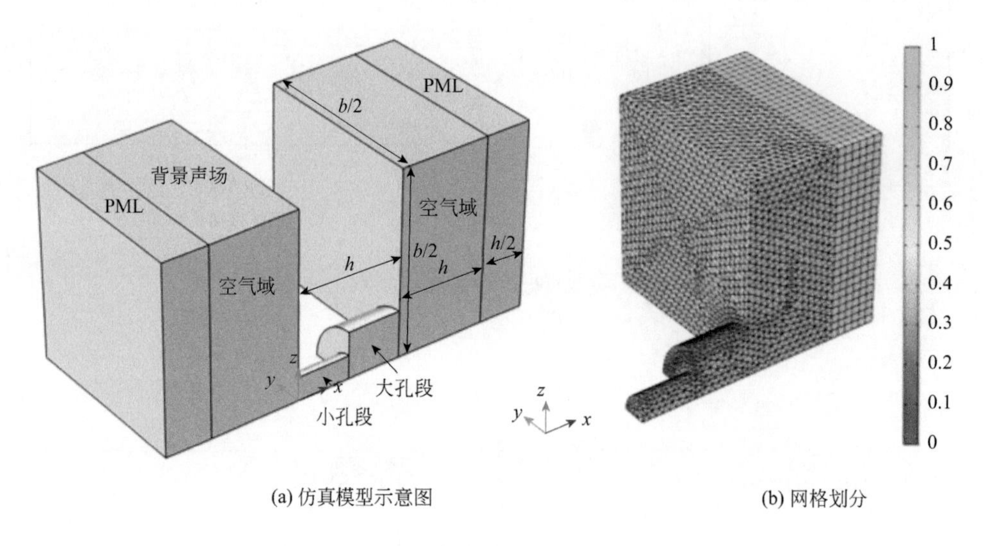

(a) 仿真模型示意图　(b) 网格划分

图 5-38 阶梯型微孔结构有限元建模

仿真得到了孔内外的声学行为，图 5-39(a)、图 5-40(a) 和图 5-41(a) 分别给出了 1000Hz 频率处的孔内外总声压、局部速度的平面分布以及总黏热能量损失密度的等值线分布。其分布规律与 5.3.1 小节研究的渐变型微孔结构类似，这里不再赘述。

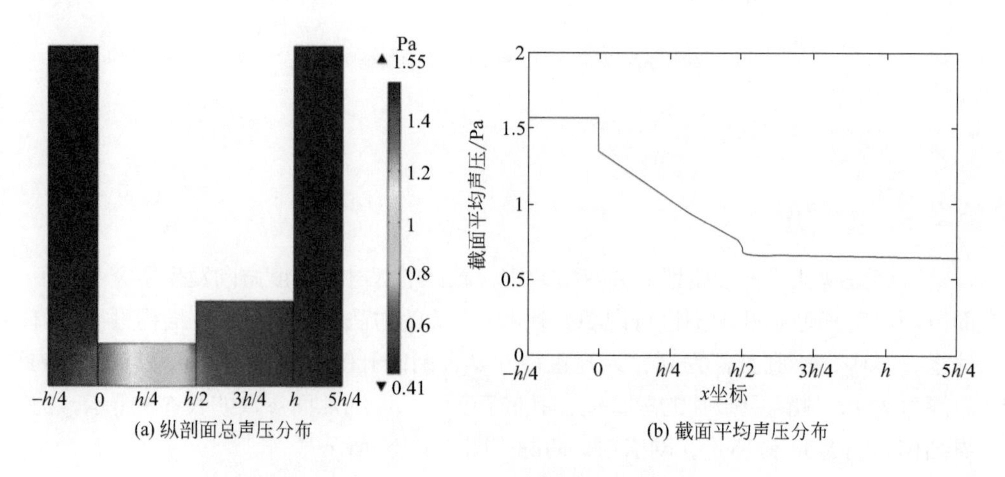

(a) 纵剖面总声压分布　(b) 截面平均声压分布

图 5-39 总声压分布

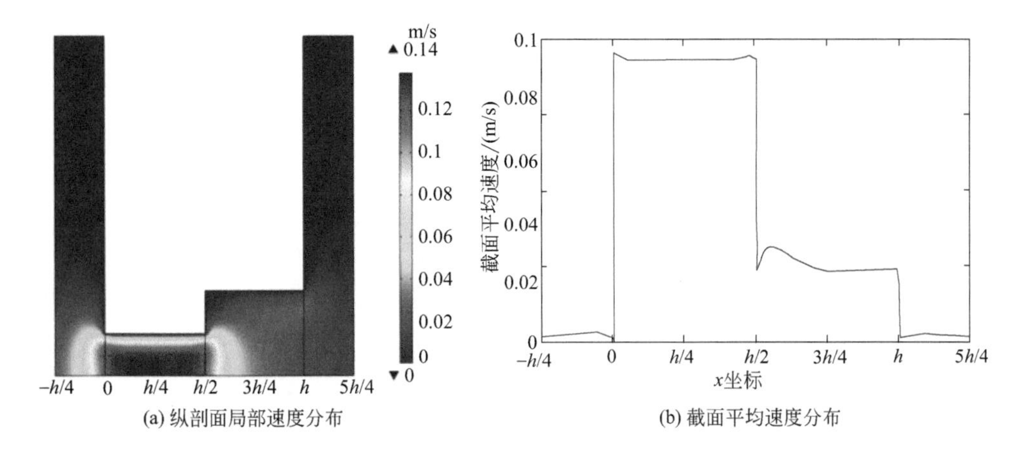

(a) 纵剖面局部速度分布　　(b) 截面平均速度分布

图 5-40　局部速度分布

图 5-39(b)、图 5-40(b) 和图 5-41(b) 分别给出了总声压、局部速度和总黏热能量损失密度的截面平均值沿厚度方向的变化规律。从图 5-39(b) 可以看出，截面平均声压在小孔段和大孔段均近似呈线性变化，小孔段对应的声压变化梯度较大。从图 5-40(b) 可以看出，截面平均速度在小孔段和大孔段均近似保持不变，小孔段对应的速度较大，速度在微孔突变处向大孔端呈现先增大后减小的趋势。从图 5-41(b) 可以看出，截面平均能量损失密度在小孔段和大孔段均近似保持不变，小孔段对应的能量损失密度较大，在突变处能量损失密度出现峰值，并向大孔端逐渐减小。另外，声压、速度和能量损失密度在小孔末端、小孔与大孔连接处和大孔末端等几何参数不连续处均存在突变。

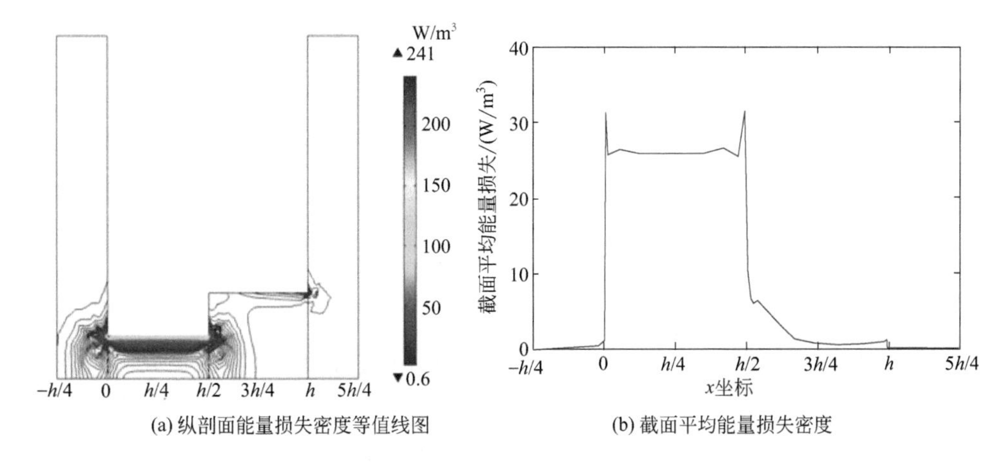

(a) 纵剖面能量损失密度等值线图　　(b) 截面平均能量损失密度

图 5-41　总黏热能量损失密度分布

（1）截面积比对末端修正的影响

大、小孔连接处的声压、速度和能量损失情况与声波出入微孔末端的情况相似。微孔末端可视为处于无限延伸的平面，其穿孔率接近于 0。大、小孔交界面相当于小孔段的一个阶梯末端，而这个阶梯末端所在平面并非无限延伸，其对应的穿孔率（截面积比）达到 25%，截面积比的影响不可以忽略。另外，阶梯末端侧壁的边界条件为刚性壁面，而声波出入微孔末端的边界条件是滑移壁面。

末端修正的影响因素包括微孔尺寸、频率、穿孔率、微孔形状、开口形状、微孔厚度、微孔相对于末端的位置等。从第 2 章的分析可以看出，前三者的影响较大，因此接下来的仿真主要考虑微孔尺寸、频率和穿孔率的影响。参考 4.3 节，对圆孔位于圆形面板中心的微孔单元（如图 5-42 所示）进行热黏性声学频域接口的仿真，开口形状设置为尖锐棱边，微孔厚度设为 0.5mm，微孔位于末端平面的中心位置。因阶梯末端所在平面非无限延伸，空气域的边界面均设置为无滑移壁面。仿真时，穿孔常数 k_S 分别设置为 2、4、6、8 和 10，对应的穿孔直径和频率的组合分别为（0.2mm，1000Hz）（0.2mm，4000Hz）（0.3mm，4000Hz）（0.4mm，250Hz）（0.4mm，1000Hz）（0.4mm，4000Hz）（0.5mm，4000Hz）（0.6mm，1000Hz）（0.8mm，250Hz）（0.8mm，1000Hz）（1.0mm，1000Hz），截面积比共设置 16 组，分别为 0.005、0.01、0.02、0.05、0.1、0.15、0.2、0.25、0.3、0.35、0.4、0.45、0.5、0.55、0.6 和 0.65，具体如表 5-6 所示。

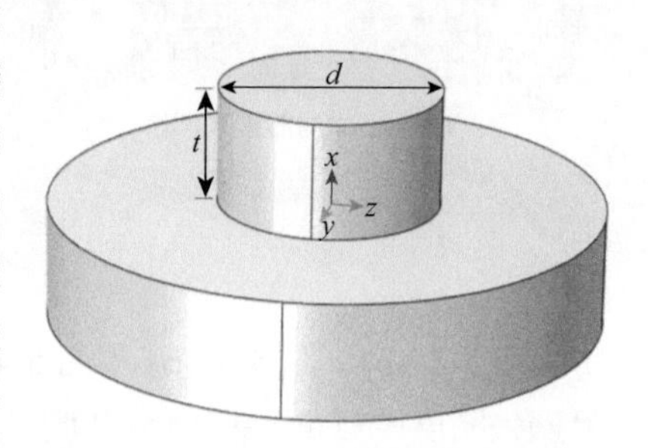

图 5-42 圆形孔位于圆形面板的示意图

表 5-6 仿真模型的微孔结构参数

仿真系列	（直径 d/mm，频率 f/Hz）	截面积比	数量
$k_S=2$	(0.2, 1000) (0.4, 250)	0.005 ～ 0.65	32
$k_S=4$	(0.2, 4000) (0.4, 1000) (0.8, 250)	0.005 ～ 0.65	48
$k_S=6$	(0.3, 4000) (0.6, 1000)	0.005 ～ 0.65	32
$k_S=8$	(0.4, 4000) (0.8, 1000)	0.005 ～ 0.65	32
$k_S=10$	(0.5, 4000) (1.0 1000)	0.005 ～ 0.65	32

对上述 176 组仿真结果进行分析，相对声阻和相对声抗末端修正均随着截面积比的增加而减小，其中前者与穿孔率近似呈线性关系，如图 5-43 所示。可以想象，当微孔的截面积比趋于 0 时，即微孔末端处于无限延伸的平面上，末端修正应为普通微穿孔板的末端修正；当截面积比为 1.0 时，两段微孔之间无缝相连，便不存在末端修正。

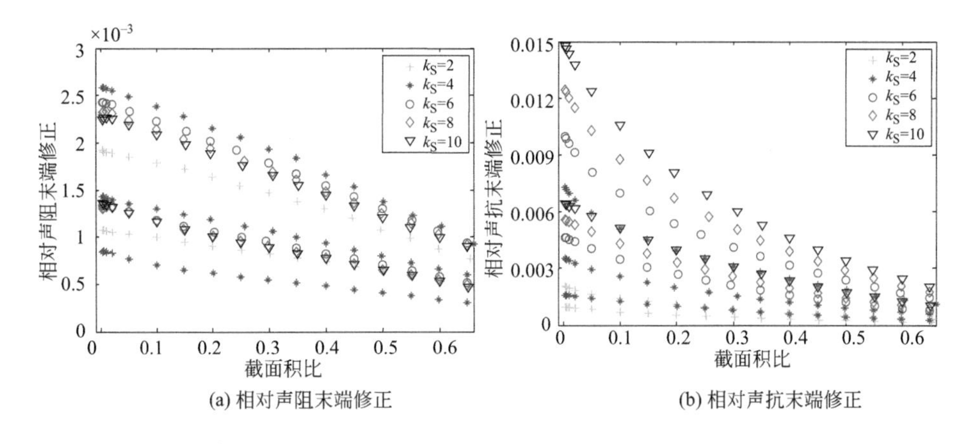

(a) 相对声阻末端修正　　(b) 相对声抗末端修正

图 5-43　相对声阻抗末端修正与截面积比的关系

考虑微孔的截面积比影响时，孔段连接处的声阻抗末端修正与截面积比的关系假定如下：

$$R_{\text{ext12}} = R_{\text{ext}}(1-\phi_{12}) \tag{5-14a}$$

$$X_{\text{ext12}} = X_{\text{ext}}(1-\phi_{12}^{a}) \tag{5-14b}$$

式中，R_{ext12}、X_{ext12} 分别为末端所在平面无限延伸情况下声阻和声抗的末端修正，ϕ_{12} 为小孔相对于大孔的截面积比。

对 176 组仿真数据运用最小二乘法进行拟合得到 $a = 0.3868$，拟合结果的相关系数分别为 0.9787 和 0.9960，表明模型计算与仿真结果一致性较好，如图 5-44 所示。

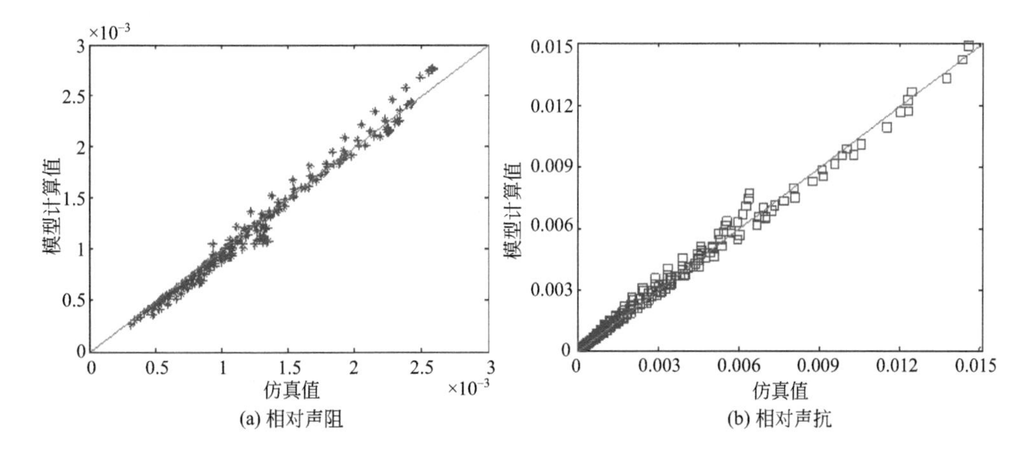

(a) 相对声阻　　(b) 相对声抗

图 5-44　相对声阻抗模型计算与仿真结果的对比

以前面提到的两段不同孔径的微孔组合而形成变截面微穿孔板为例，其中小孔段的穿孔率为 ϕ_1；大孔段的穿孔率为 ϕ_2。

小孔段的声阻抗率为

$$Z_1 = Z_{\text{int1}} + R_{\text{ext1}} + \mathrm{i}X_{\text{ext1}} + R_{\text{ext12}} + \mathrm{i}X_{\text{ext12}} \tag{5-15}$$

大孔段的声阻抗率为

$$Z_2 = Z_{\text{int2}} + R_{\text{ext2}} + \mathrm{i}X_{\text{ext2}} \tag{5-16}$$

式中，Z_{int1}、Z_{int2} 为两段微孔的孔内声阻抗率；R_{ext1}、R_{ext2} 为两段微孔进出口的声阻末端修正；X_{ext1}、X_{ext2} 为两段微孔进出口的声抗末端修正；R_{ext12}、X_{ext12} 为两段微孔交界面处的声阻和声抗末端修正。

考虑到两段微孔的穿孔率不一致，需要除以对应的穿孔率便可计算得到阶梯型变截面微穿孔板整体的相对声阻抗为

$$z = \frac{Z_1}{\phi_1 \rho_0 c_0} + \frac{Z_2}{\phi_2 \rho_0 c_0} \tag{5-17}$$

以上研究中，微孔末端设置为圆形面板，对于一般的圆形孔位于方形面板的情况，也可以得到相似的影响规律。

（2）实验验证

运用 3D 打印技术加工制备阶梯型突变截面微穿孔板试件，如图 5-45 所示，其中小孔段直径为 0.5mm，大孔段直径为 1.0mm，两段厚度均为 0.6mm，微孔间距为 4mm。小孔段末端的穿孔率为 1.23%，大孔段末端的穿孔率为 4.91%，在两段微孔连接处，小孔段相对于大孔段的穿孔率为 25%。

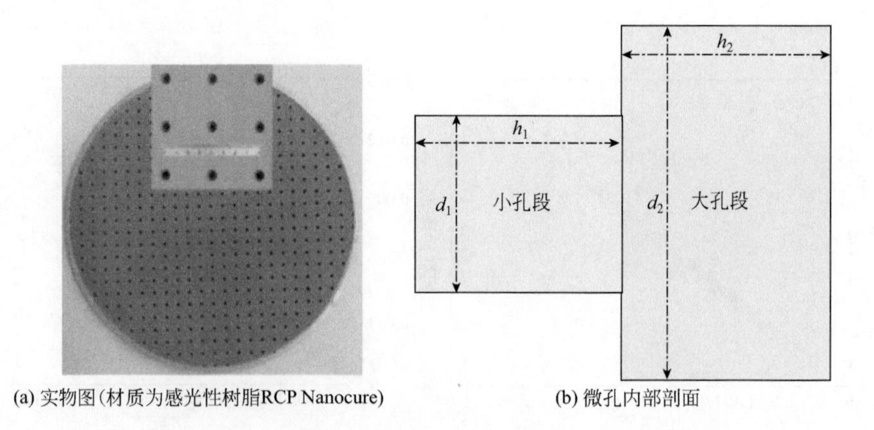

(a) 实物图(材质为感光性树脂RCP Nanocure)　　(b) 微孔内部剖面

图 5-45　阶梯型微穿孔板实验样件

参考 2.2 节，运用阻抗管测试上述样件法向声阻抗率和法向吸声系数，测试频

率范围为 150 ～ 1600Hz。理论计算、数值仿真和实验测试获得的相对声阻抗如图 5-46 所示，可以看出，结果均比较接近。三种方法获得的吸声系数如图 5-47 所示，共振频率、最大吸声系数和吸声带宽的一致性均较好。此外，仿真和实验均验证了大孔端朝向入射声波时，各频率的相对声阻抗和吸声系数均与小孔端朝向入射声波时一致，表明微穿孔板的朝向不影响结构的吸声性能。

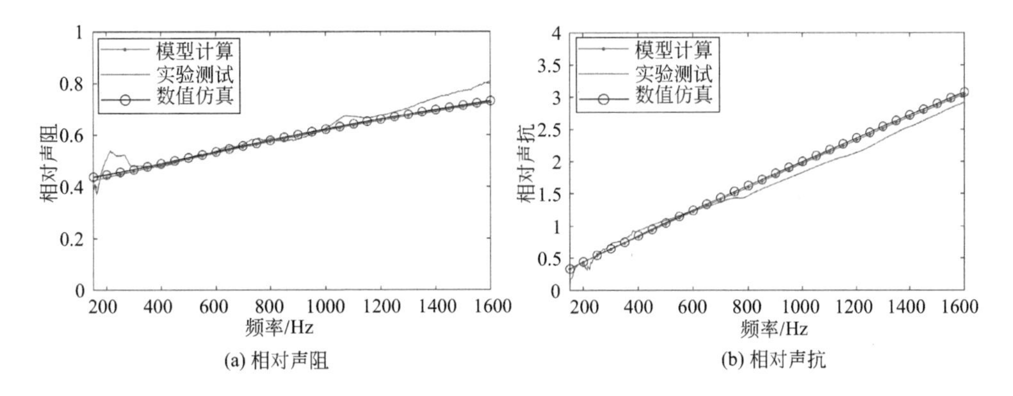

图 5-46　相对声阻抗结果对比

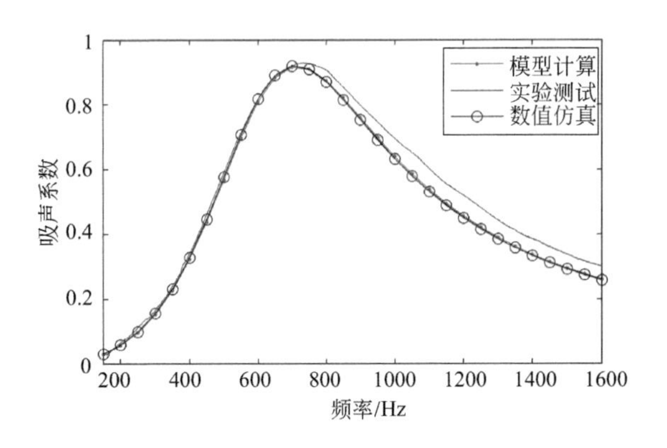

图 5-47　吸声系数结果对比

（3）结构设计

下面对比研究相同厚度下阶梯型微穿孔板和直通型微穿孔板的性能。假定我们想实现具有以下声学性能的微穿孔板：有效吸声带宽为 358 ～ 796Hz，最大吸声系数不小于 0.97，板厚为 5mm，空腔深度为 50mm。通过设计，具备以下参数的直通型微穿孔板可以实现上述吸声性能：孔径 0.66mm，孔间距 3.31mm，板厚 5mm，如图 5-48(a) 所示；对于阶梯型微穿孔板，其小孔孔径 0.5mm，厚度 0.6mm，大孔孔径 1.0mm，厚度 4.4mm，孔间距均为 4mm，如图 5-48(b) 所示，也可以满足上述吸声性能要求。使用阻抗管测试阶梯型微穿孔板的吸声性能，测试频率范围为 250 ～ 4000Hz。研究发现其模型计算的吸声系数与数值仿真和实验测试结果一致性较好，如图 5-49 所示，表明突变处产生的额外声阻抗预测模型对于较厚的微穿孔板结构依然适用。

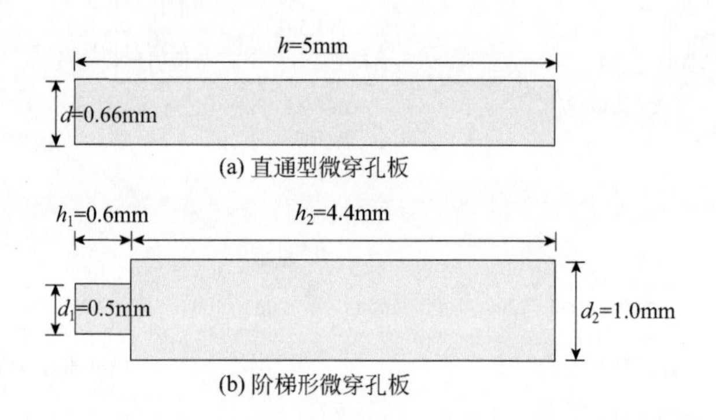

图 5-48　满足性能要求的阶梯型和直通型微穿孔板的几何参数

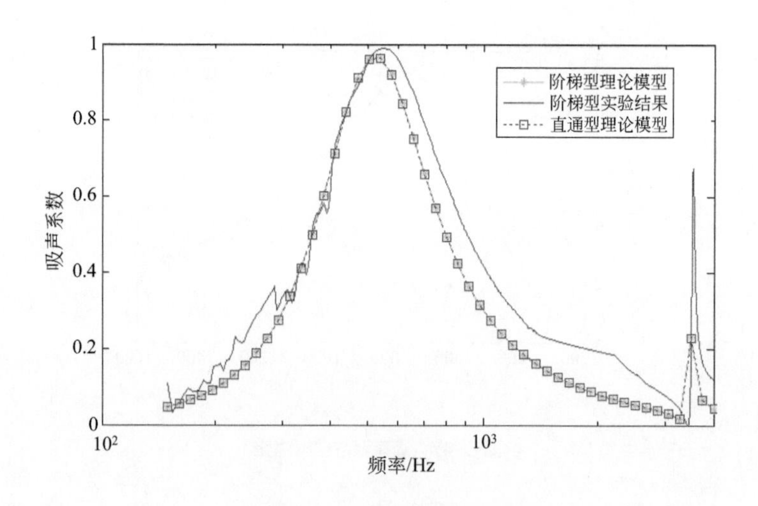

图 5-49　吸声系数结果对比

采用传统的机械加工方法容易加工出孔径与板厚相当的微孔；而采用高精尖的加工方法，如激光打孔、3D 打印等方法，可以加工出孔径小于板厚的微孔，但成本较高。对于上述满足吸声性能的直通型微穿孔板，其孔径和板厚比仅为 0.13，采用传统的机械加工方法难以加工这种孔径远小于板厚的微穿孔板；此外，它的孔间距较小，单位面积上的微孔数量较多，在厚板上加工大量的微孔难度较大。而对于阶梯型微穿孔板，小孔对应的板厚较小，大孔对应的板厚较大，孔间距较大，单位面积上的微孔数量较少，这种两段微孔组合结构的加工相对容易。对于板厚较大的微穿孔板，考虑加工工艺的可行性，采用阶梯型微穿孔板更易取得较好的吸声性能。

（4）大锥角渐变形结构

5.3.1 节给出了小锥角圆锥孔微穿孔板的传递阻抗计算方法。对于锥角较大的圆锥孔微穿孔板，将圆锥孔沿轴向切割为 N 个等厚薄层，其中，第 n 层的厚度为 h_n，孔径为 d_n，穿孔率为 ϕ_n，各薄层间均对应一个阶梯型突变，如图 5-50 所示。如忽略薄层间的阶梯型突变引起的额外声阻抗，经过积分累积之后，误差得到放大，Herdtle 等提出的计算模型 [21] 不再适用。此时，应考虑每个薄层间的阶梯型突变产生的额外声阻抗，则锥角较大的圆锥孔微穿孔板的孔内声阻抗率为

$$Z_{\text{tap}}=i\omega\rho_0\sum_{n=1}^{N-1}\frac{1}{\phi_n}\left\{h_n\left[1-\frac{2}{k_{\text{S},n}\sqrt{-\text{i}}}\frac{\text{J}_1\left(k_{\text{S},n}\sqrt{-\text{i}}\right)}{\text{J}_0\left(k_{\text{S},n}\sqrt{-\text{i}}\right)}\right]^{-1}+\frac{R_{\text{ext12},n}+X_{\text{ext12},n}}{2}\right\} \tag{5-18}$$

式中，$k_{\text{S},n}$ 为第 n 层的穿孔常数，$k_{\text{S},n}=d_n/2\sqrt{\rho\omega/\eta}$；$R_{\text{ext12},n}$、$X_{\text{ext12},n}$ 为第 n 层与第 n+1 层的声阻和声抗末端修正，可按式（5-14a）和（5-14b）进行计算。

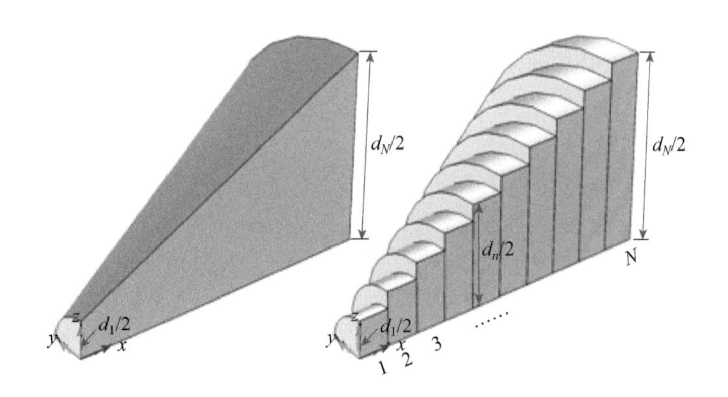

图 5-50　大锥角圆锥孔的多级阶梯孔近似

参考 4.3 节对大锥角圆锥孔微穿孔板进行热黏性声学仿真有限元建模，小孔端直径为 d_1，大孔端直径为 d_N，板的总厚度为 h，孔间距为 b，锥角为 $\arctan\left(d_N-d_1\right)/2h$，几何参数如表 5-7 所示。

表 5-7　大锥角圆锥孔微穿孔板几何参数

小孔端直径 d_1/mm	大孔端直径 d_N/mm	板总厚度 h/mm	孔间距 b/mm	锥角 /rad
0.2	1.0	0.8	1.5	0.46

参考4.4节仿真计算圆锥孔微穿孔板的传递阻抗；根据式（5-18）计算考虑薄层间阶梯突变的结构整体声阻抗率；参考式（5-13）计算不考虑薄层间阶梯突变的结构整体声阻抗率。三者的相对声阻和相对声抗的对比如图5-51所示，吸声系数（腔深D为40mm）如图5-52所示。从图中可以看出，不考虑薄层间突变效应时，模型计算的相对声阻抗和吸声系数与数值仿真结果偏差较大；考虑薄层间突变效应时，两者一致性较好，但在高频段仍有一定的误差，主要原因在于多级阶梯孔近似在高频时精度下降。

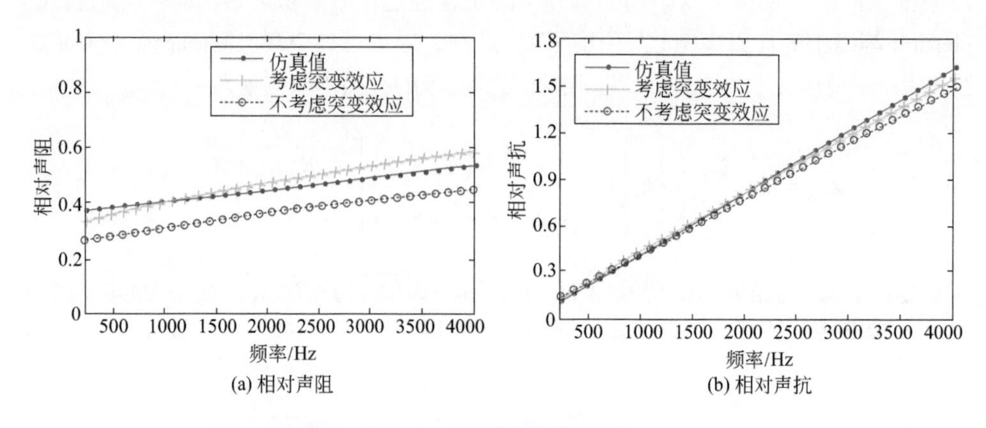

图5-51 相对声阻抗结果对比

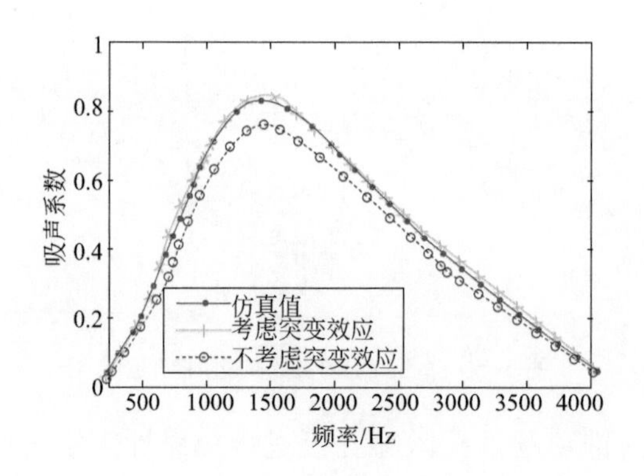

图5-52 吸声系数结果对比

5.3.3 错位型

另一种典型的突变截面结构是错位型微孔，该结构由双层板错位交叠而成，每层板由一系列条形单元板以一定距离排列形成狭缝阵列，上下两层狭缝交错处形成微孔。上下两层微缝及其交错而成的微孔构成了变截面结构。为了方便讨论，本节研究的条形单元板宽度和间距均相同，交错角度为 90° 或 270° ，微孔截面呈正方形，如图 5-53 所示。显然，微缝的宽度与微孔截面的边长一致，均为条形板之间的间距，微缝的厚度为条形板的厚度。错位型微孔板具备以下特点：①微孔截面尺寸和形状沿厚度方向均发生了突变，是一种复杂的突变截面微穿孔板；②中间层微孔截面的几何厚度为零；③中间层微孔截面所在的末端平面为条形面板。错位型微孔板不需要采用传统方法加工微孔，仅通过条形板的排列组合便形成了微孔[31-34]。

参考 4.3 节对错位型微孔板进行热黏性声学有限元仿真建模，条形单元板的几何参数如表 5-8 所示，条形单元板宽度为 L，厚度为 h，间距为 l，由此得到对应的错位型微孔板的几何参数如表 5-9 所示。缝宽和微孔截面的边长均为 l，板的总厚度，即微孔的总长度为 $2h$，孔间距为 $L+l$。$x<-h$ 的空气域设置为单位幅值的平面波入射的背景声场，空气域和完美匹配层的厚度分别设置为 1.5 倍和 0.5 倍缝宽，即 $1.5l$ 和 $0.5l$，如图 5-54(a) 所示。孔和空气域均划分为自由四面体非结构性网格，其中与板接触的边和面的网格最大尺寸设置为黏性边界层厚度，其他网格最大尺寸均设置为缝宽的 1/6，即 $l/6$，网格划分如图 5-54(b) 所示。

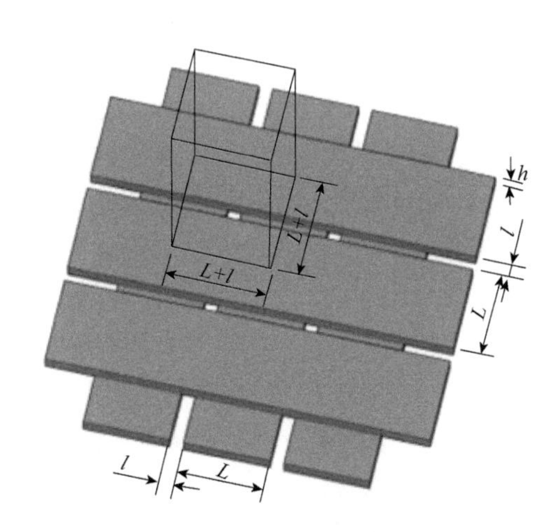

图 5-53　错位型微孔板三维结构图

表 5-8　条形单元板的几何参数

参数	宽度 L/mm	厚度 h/mm	间距 l/mm
数值	4	0.6	0.4

表 5-9　错位型微孔板的几何参数

横坐标 x	缝宽或边长 /mm	几何厚度 /mm	微孔间距 /mm	穿孔率 ϕ
$-h<x<0$	0.4	0.6	4.4	9.09%
$x=0$	0.4	0	4.4	0.83%
$0<x<h$	0.4	0.6	4.4	9.09%

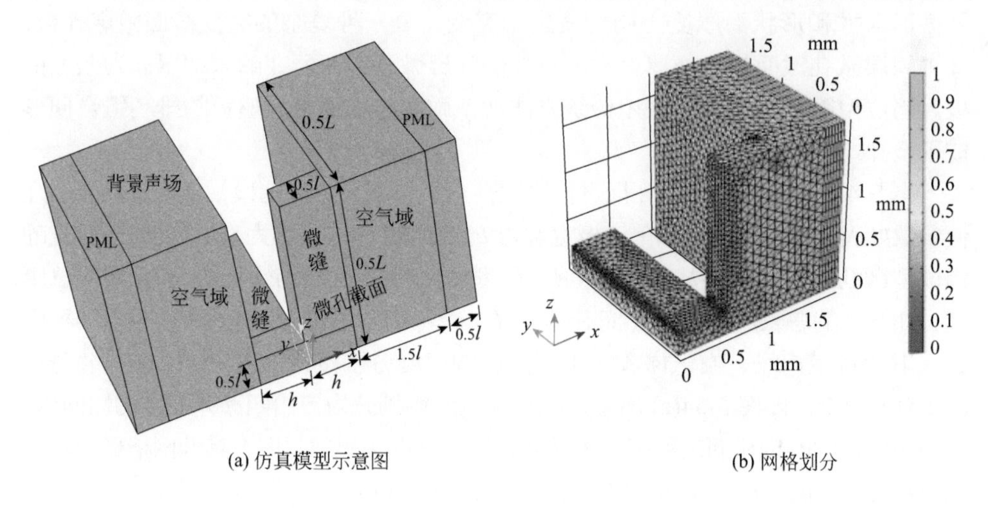

(a) 仿真模型示意图　　(b) 网格划分

图 5-54　错位型微孔板的有限元建模

（1）微孔截面处的声学特性

仿真得到了微孔截面处的声学特性分布，图 5-55(a) 和 (b) 分别给出了 250Hz 和 1000Hz 频率处微孔截面的局部速度平面分布。当低频段黏滞边界层厚度较大时，速度从边界的零值逐渐向孔中间增大，如图 5-55(a) 所示；当高频段黏滞边界层厚度较小时，速度从边界的零值逐渐向孔内增大，达到最大值后并逐渐减小到一定值，如图 5-55(b) 所示。图 5-55(c) 给出了 1000Hz 频率处总声压的平面分布，可以看出，微孔截面内声压变化较小。图 5-55(d) 给出了 1000Hz 频率处总黏热能量损失密度的等值线分布，可以看出，能量损失密度分布主要集中在黏滞边界层内。这与 4.3.4 节介绍的直通孔的速度、声压和能量损失密度的分布规律相似。

（2）声学参量沿微孔轴向分布特性

进一步分析得到 1600Hz 频率处的孔隙内（由上下微缝和中间的微孔截面构成）总声压、局部速度的切面分布以及总黏热能量损失密度的等值线分布，分别如图 5-56(a)、图 5-57(a) 和图 5-58(a) 所示，图中入射声波均平行于 x 轴正方向。可以看出，声压变化主要集中在微孔截面附近，上下缝内的声压基本保持不变；微孔截面附近速度较大，远离微孔截面处速度基本保持不变；微孔截面附近的黏滞边界层内能量损失密度较大，远离微孔截面处能量损失密度迅速减小。

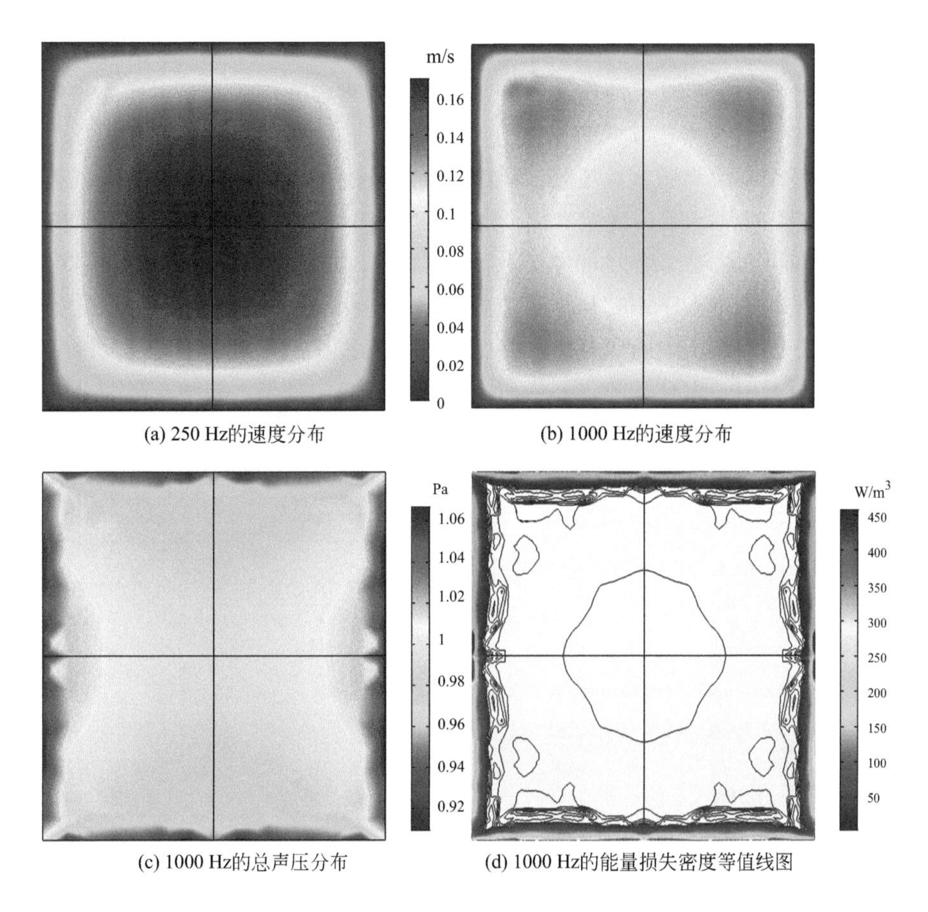

(a) 250 Hz的速度分布　(b) 1000 Hz的速度分布

(c) 1000 Hz的总声压分布　(d) 1000 Hz的能量损失密度等值线图

图 5-55　微孔截面的声学特性分布

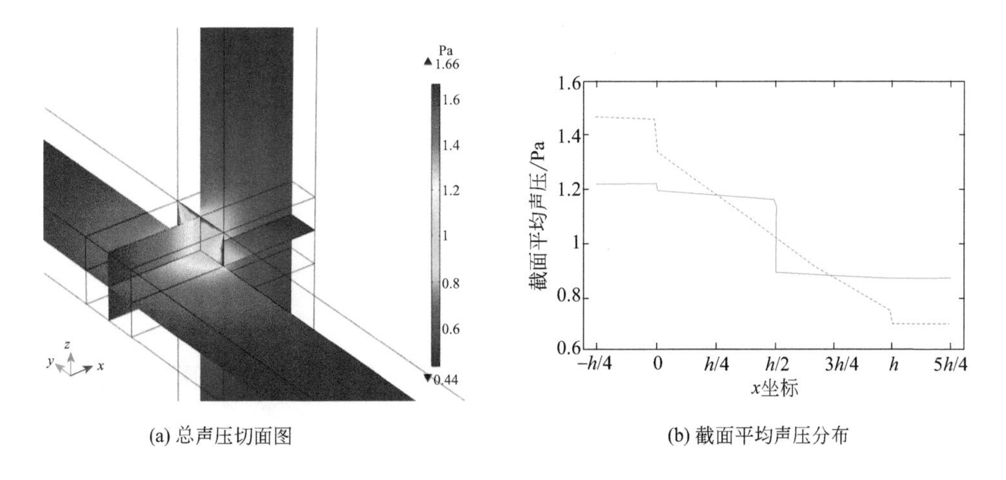

(a) 总声压切面图　(b) 截面平均声压分布

图 5-56　总声压分布

图 5-56(b) 给出了孔隙内外的总声压截面平均值沿厚度方向的变化，作为对比，相同几何参数（特征尺寸、厚度和孔间距）的方孔微穿孔板的截面平均值的分布情况也绘制在图中，其中，实线表示错位型微孔板，点线表示方孔微穿孔板。可以看出，方孔内截面平均声压线性下降，而微孔截面处的声压呈现断崖式下降，上、下微缝内断面平均声压也呈现线性变化，变化梯度较小。图 5-57(b) 给出了孔隙内外的局部速度截面平均值沿厚度方向的变化。可以看出，方孔内断面平均速度保持不变，而微孔截面处的速度大于方孔和上、下微缝，并向两端呈现先增加后降低的抛物形变化趋势。图 5-58(b) 给出了孔隙内外的总黏热能量损失密度截面平均值沿厚度方向的变化。可以看出，方孔的能量损失密度近似地呈均匀分布，而微孔截面处的能量损失密度最高并向两端迅速衰减。另外还可以看出，仿真单元的声压、速度和能量损失密度变化主要集中在孔隙内，孔隙外断面平均值几乎不变，微孔末端和孔隙内的结构不连续处均对应着截面平均值的突变。

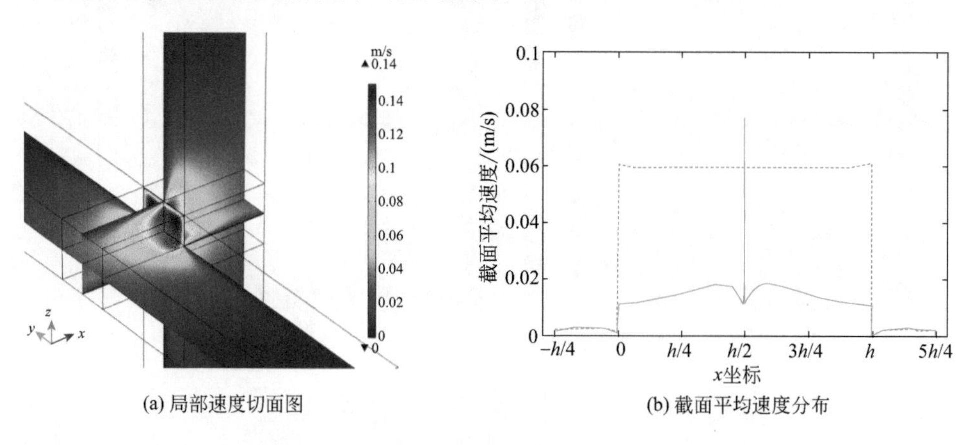

(a) 局部速度切面图 (b) 截面平均速度分布

图 5-57 局部速度分布

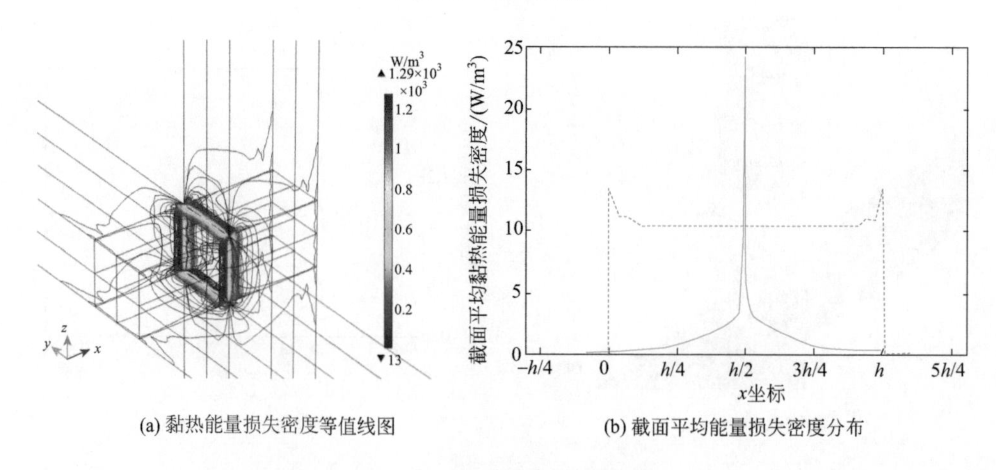

(a) 黏热能量损失密度等值线图 (b) 截面平均能量损失密度分布

图 5-58 总黏热能量损失密度分布

（3）等效几何参数

假定错位型微孔板的吸声性能可以由微穿孔板（圆孔）、微穿孔板（方孔）或微缝板等效而得到，运用非线性最小二乘法拟合最接近错位型微孔板吸声性能的等效几何参数，目标函数设定为

$$F = \min \sum_{d,h,\phi} \left(\alpha - \alpha_{\text{mea}} \right)^2 \tag{5-19}$$

式中，α_{mea} 为错位型微孔板实测吸声系数。

约束条件设置为 0.1mm ≤ d ≤ 1mm、0.2mm ≤ h ≤ 2mm、0.1% ≤ ϕ ≤ 1.5%。

优化得到微穿孔板（圆孔）、微穿孔板（方孔）和微缝板的等效几何参数如表 5-10 所示，各等效吸声结构的吸声系数和错位型微孔板的实测数据对比如图 5-59 所示。

表 5-10　等效吸声结构的几何参数

类型	特征尺寸 d/mm	厚度 h/mm	穿孔率 ϕ	腔深 /mm
错位型微孔板	0.40	1.20	0.83%	50
微穿孔板（圆孔）	0.42	0.36	0.82%	50
微穿孔板（方孔）	0.40	0.20	0.37%	50
微缝板	0.20	0.68	1.50%	50

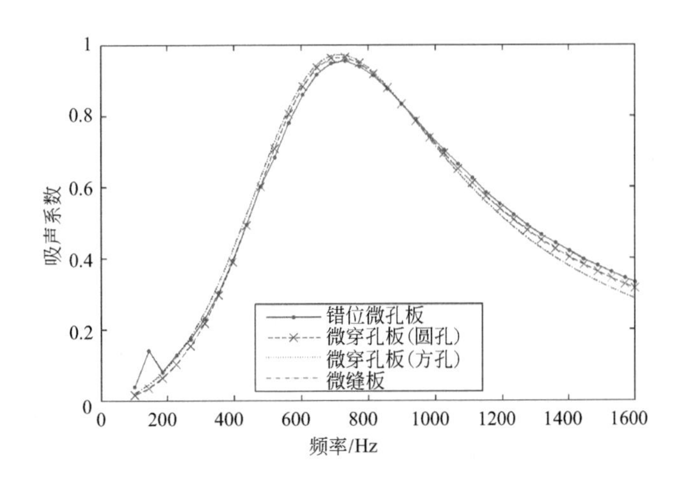

图 5-59　各等效吸声结构和错位型微孔板的吸声系数

从表 5-10 可以看出，微穿孔板（圆孔）和微穿孔板（方孔）的等效微孔直径 / 边长与错位型微孔板的相近，微缝板的等效缝宽远小于错位型微孔板。三者的等效

厚度在一定的穿孔率条件下均远小于错位型微孔板的厚度。

（4）几何参数对吸声性能的影响

保持缝宽为 0.4mm、条形单元板宽度为 4.0mm，对应的微孔截面的边长为 0.4mm，穿孔率为 0.83%，错位型微孔板的总厚度依次为 0.8mm、1.2mm、1.6mm 和 2.0mm，仿真得到结构在不同厚度下相对声阻抗和吸声系数，如图 5-60 所示。

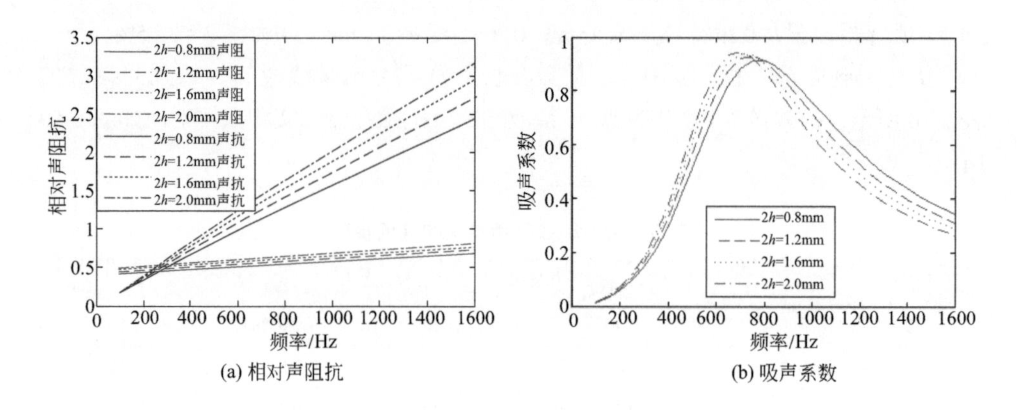

图 5-60 厚度对吸声性能的影响

从图 5-60(a) 可以看出，随着厚度的增加，错位型微孔板的相对声阻和声抗略有增加。厚度增加一倍，相对声阻最大增加 14%，相对声抗最大增加 20%。而对于微穿孔板或微缝板，从式（2-56）、式（2-62）、式（2-64）和式（2-66）可以看出，孔内效应引起的声阻抗率与厚度成正比，末端效应与厚度无关。一般情况下，孔内效应起主导作用，厚度增加一倍时，相对声阻和声抗最小增幅均在 50% 以上，如图 5-7(a) 和图 5-7(b) 所示。随着厚度的增加，错位型微孔板的吸声峰值频率向低频方向移动，最大吸声系数和吸声频带宽度均变化较小，如图 5-60(b) 所示。这与微穿孔板或微缝板的规律（如图 5-8 所示）类似。

保持错位型微孔板厚度为 1.2mm、穿孔率为 0.83%，缝宽 l 依次为 0.2mm、0.3mm、0.4mm 和 0.5mm，对应的条形板宽度依次为 2mm、3mm、4mm 和 5mm，仿真得到结构在不同孔隙尺寸下的相对声阻抗和吸声系数，如图 5-61 所示。可以看出，随着缝宽的增加，微孔截面尺寸也相应增加，错位型微孔板的相对声阻减小，相对声抗增加。吸声峰值频率向低频方向移动，吸声频带宽度显著降低，最大吸声系数减小，与微穿孔板和微缝板的孔隙尺寸对吸声性能影响的规律相近，如图 5-3 和图 5-4 所示。

保持缝宽为 0.4mm、整体板厚为 1.2mm，条形单元板宽度 w 依次为 5mm、

4mm、3mm 和 2mm，对应的穿孔率依次为 0.55%、0.83%、1.38% 和 2.78%，仿真得到结构在不同穿孔率下的相对声阻抗和吸声系数，如图 5-62 所示。可以看出，随着穿孔率的增加，错位型微孔板的相对声阻和声抗均有所减小，吸声峰值频率向高频方向移动，吸声带宽增加，最大吸声系数减小，与微穿孔板和微缝板的穿孔率对吸声性能影响的规律一致，如图 5-5 和图 5-6 所示。

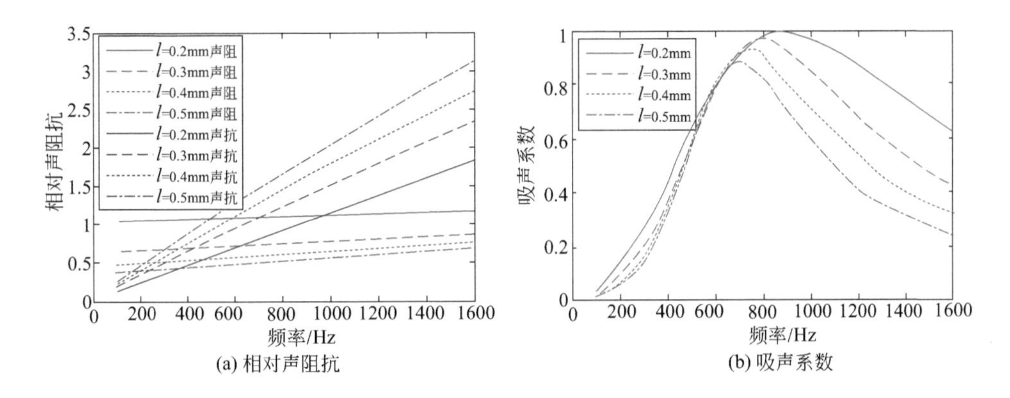

图 5-61　微孔截面尺寸对吸声性能的影响

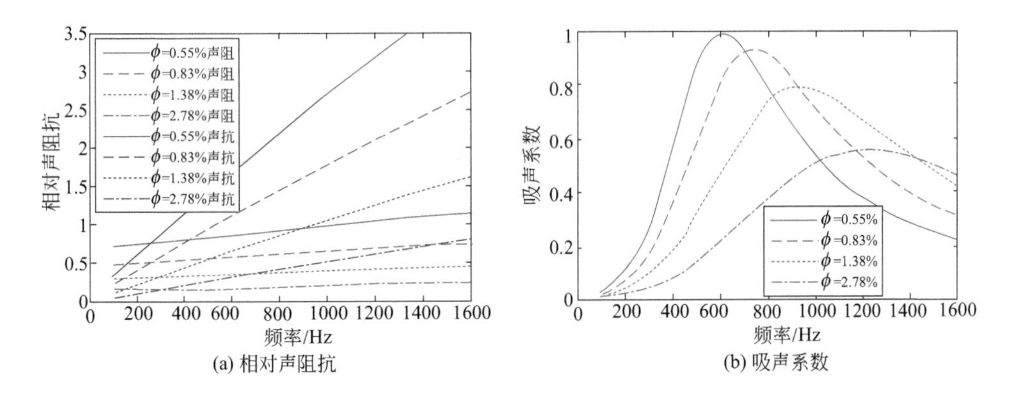

图 5-62　穿孔率对吸声性能的影响

（5）微孔截面声阻抗

前述错位型微孔板由上下两层阵列排布的条形板错位交叠而成，当错位角为 90° 时，形成的孔隙包括上下两层微缝孔和夹在中间的方形微孔截面，其整体声阻抗包括上下两层微缝的声阻抗以及微孔截面的声阻抗；当错位角为 0° 时，形成的孔隙便是微缝孔，微缝的厚度为前者上下两层微缝厚度之和，其整体声阻抗即为上下两层微缝的声阻抗。因此，微孔截面的声阻抗可以由错位角为 90° 的结构声阻抗减去错位角为 0° 的结构声阻抗而得到。

微孔截面的几何厚度为零，意味着孔内效应为零，其声阻抗全部来源于末端效应。微孔截面所处的末端平面为条形面板，显著区别于一般微穿孔板的情况，因此其末端效应也将显著不同。

从第 2 章的分析可以看出，微孔尺寸、频率、穿孔率对末端修正的影响较大，因此接下来的仿真主要考虑这三者的影响。为了考虑微孔尺寸的影响，设置 9 组缝宽 l，依次从 0.2mm 增加到 1.0mm。为了探讨频率的影响，共设置 5 组频率，分别为 250Hz、500Hz、1000Hz、2000Hz 和 4000Hz。为了研究穿孔率的影响，设置 8 组微缝的穿孔率，包括 10%、20%、30%、40%、50%、60%、70%、80%，对应的微孔截面的穿孔率分别为 1%、4%、9%、16%、25%、36%、49%、64%，如表 5-11 所示，共 205 组数据。上述设置对应的穿孔常数 k_S 从 1 变化到 20，包括了微穿孔板结构常见的穿孔常数变化范围。

表 5-11　仿真参数设置

序号	缝宽 l/mm	幅宽 L/mm	厚度 h/mm	截面积比	微孔截面的穿孔率	频率 f/Hz	错位角 /(°)	案例数
1	0.2	0.05 ～ 1.8	1	10% ～ 80%	1% ～ 64%	250 ～ 4000	0 ～ 90	40
2	0.6	0.15 ～ 5.4	1	10% ～ 80%	1% ～ 64%	250 ～ 4000	0 ～ 90	40
3	1.0	0.25 ～ 8.0	1	10% ～ 80%	1% ～ 64%	250 ～ 4000	0 ～ 90	40
4	0.2 ～ 1.0	0.8 ～ 4.0	1	20%	4%	250 ～ 4000	0 ～ 90	45
5	0.2 ～ 1.0	0.2 ～ 1.0	1	50%	25%	250 ～ 4000	0 ～ 90	45

前三组仿真系列的数据展示在图 5-63 中，可以看出，声阻和声抗均随着截面积比的增加而降低，前者随着微孔尺寸的增加而降低，后者随着微孔尺寸的增加而增加。假设微孔截面的声阻抗项具备类似于式（4-9a）和式（4-9b）的基本形式，对 205 组数据运用最小二乘法进行拟合，得到微孔截面声阻抗率

$$R_{\text{ext,cp}}=\left(4.78R_S+24.0\frac{\eta}{l}\right)\left(1-1.5\phi_{12}+0.7\phi_{12}^2\right) \qquad (5\text{-}20a)$$

$$X_{\text{ext,cp}}=\left(1.34\rho_0\omega l+6.68R_S\right)\left(1-2.3\phi_{12}+1.4\phi_{12}^2\right) \qquad (5\text{-}20b)$$

式中，ϕ_{12} 为微孔截面与上下微缝的截面积比。

拟合结果相关系数分别为 0.9902 和 0.9960，表明模型预测值和数值仿真结果一致性较好，如图 5-64 所示。

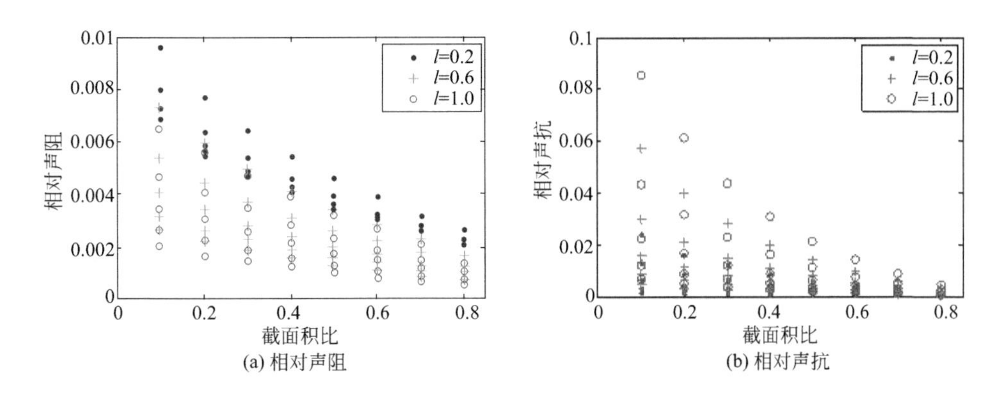

(a) 相对声阻　　(b) 相对声抗

图 5-63　微孔截面相对声阻抗与截面积比关系

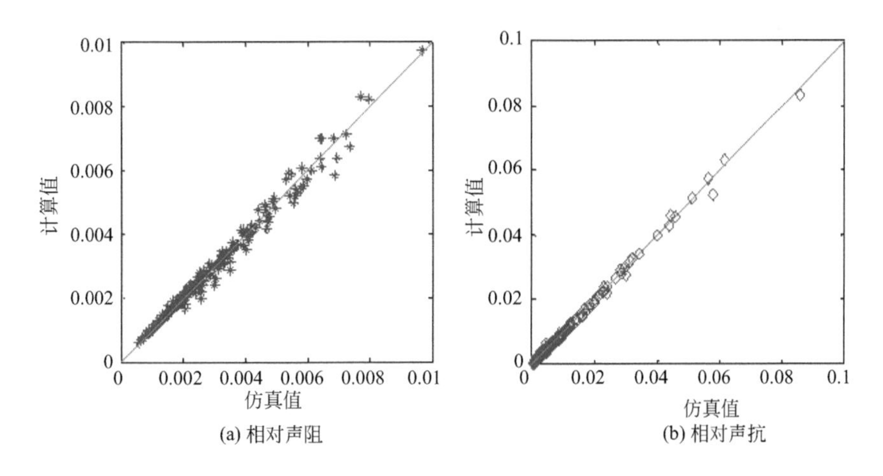

(a) 相对声阻　　(b) 相对声抗

图 5-64　微孔截面相对声阻抗计算与仿真结果对比

进一步仿真验证表明上述模型也适用于一定厚度的方孔位于条形面板的声阻抗末端修正的计算。

可以看出，方孔位于条形面板的声阻抗 [式（5-20a）和式（5-20b）] 末端修正比正常情况下圆孔位于方形面板的声阻抗末端修正 [式（4-9a）和式（4-9b）] 显著偏高。Ingard 指出，相同截面积的方孔或圆孔的声阻抗末端修正基本一致。由此可以推断末端修正的差异并非来源于孔形本身，而是来源于微孔所处的末端形状。这与 Tayong[35]、盖晓玲等 [36] 和 Carbajo 等 [37] 研究中的现象是相似的。Tayong 和盖晓玲等研究了微孔分布范围对穿孔板吸声性能的影响，实验测试数据表明，随着微孔分布范围的逐渐缩小，整体结构的声阻和声抗均显著增加。实验测试中，微孔的孔径、整体穿孔率、板厚均一致，因此孔内效应相等。随着微孔分布范围的缩小，孔间距减小，微孔之间的相互作用增强，孔间相互作用会导致声阻抗末端修正项减小。然而实测的声阻和声抗均有所增加，这正是由于微孔末端所在面板具有较高的长宽比（方形面板的长宽比为 1，条形面板的长宽比显著大于 1）导致的。当微孔末端的长、宽方向显著不对称时，其声阻抗末端修正将显著增大，进而引起整体结构的声阻抗增大。

错位型微孔板声阻抗包含中间微孔截面的声阻抗和上下两段微缝孔的声阻抗。考虑到微缝孔和微孔截面的穿孔率不一致，需要除以对应的穿孔率便可计算错位型微孔板整体结构的相对声阻抗为

$$z=\frac{Z_{\text{sli}}+R_{\text{ext,sli}}+\mathrm{i}X_{\text{ext,sli}}}{\phi_1\rho_0c_0}+\frac{R_{\text{ext,cp}}+\mathrm{i}X_{\text{ext,cp}}}{\phi_2\rho_0c_0} \tag{5-21}$$

式中，上下两段微缝的孔内声阻抗率 Z_{sli} 和末端修正 $R_{\text{ext,sli}}$、$X_{\text{ext,sli}}$ 可由 2.4 节确定；中间微孔截面的声阻抗率 $R_{\text{ext,cp}}$、$X_{\text{ext,cp}}$ 可由式（5-20a）和式（5-20b）确定；ϕ_1 和 ϕ_2 分别为微缝孔和微孔截面的穿孔率。

（6）实验验证

为了验证模型的准确性，加工了两组错位型微孔板。其中试件 A 为运用 3D 打印技术加工制备的，如图 5-65(a) 所示。试件为圆形，直径为 100mm，条形单元板宽度为 4mm、间隔为 0.4mm、厚度为 0.6mm。缝宽和微孔截面边长均为 0.4mm、缝间距为 4.4mm、试件厚度为 1.2mm，上下两层微缝和中间层微孔截面的穿孔率分别为 9.09% 和 0.83%。值得注意的是，对于错位型微孔板，其穿透部分的面积与试件面积的比为穿孔率，孔隙体积与试件总体积的比为体积空隙率。显然微穿孔板、微缝板的穿孔率和体积空隙率均相等，而错位型微孔板的孔隙为变截面结构，其体积空隙率为 9.09%，远大于微孔截面的穿孔率 0.83%。试件 B 为用条形铝板手工制作而成的，包括两个直径分别为 100mm 和 29mm 的圆形试件，其中铝板厚度为 1.0mm，其他参数与试件 A 保持一致，如图 5-65(b) 和 (c) 所示。

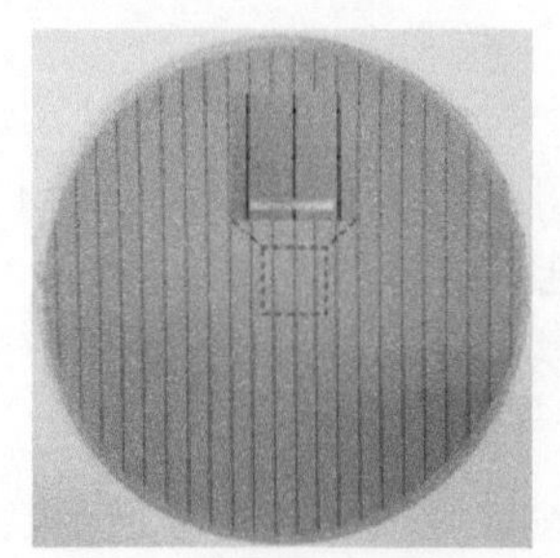
(a) 试件A(材质为感光性树脂RCP Nanocure)

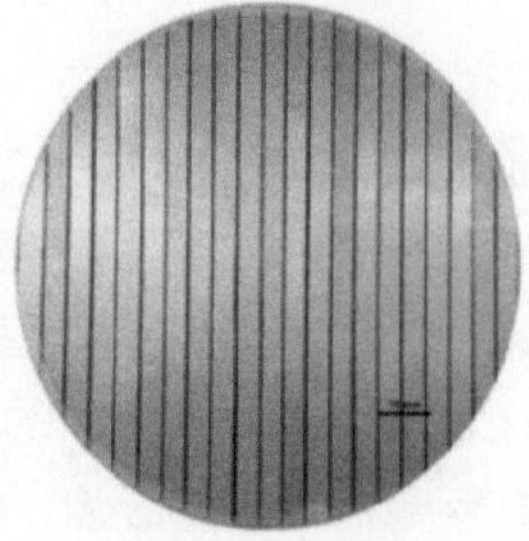
(b) 试件B (直径100 mm)

(c) 试件B（直径29 mm）

图 5-65　试件实物图

运用阻抗管测试上述两组试件的法向声阻抗率和吸声系数，其中试件 A 和试件 B（直径 100mm）采用阻抗管（大管）进行测试，其频率测试范围为 200 ～ 1600Hz；同时，试件 B（直径 29mm）采用阻抗管（小管）进行测试，其频率测试范围为 500 ～ 4000Hz，组合大小阻抗管测试结果，试件 B 的综合频率测试范围为 200 ～ 4000Hz。

错位型微穿孔板的实测声阻抗为整体结构的实测声阻抗减去背腔的声阻抗而得到。试件 A 的声阻抗模型计算值与实验测试结果一致性较好，如图 5-66 所示。模型计算的吸声系数峰值、共振频率和有效吸声带宽均与实测值吻合较好，如图 5-67(a) 所示。图 5-67(b) 给出了试件 B 吸声系数的模型计算值和实验测试结果，两者基本一致。此外，试件 A 和试件 B 在 1600Hz 以下的频段吸声性能基本一致，尽管后者的厚度比前者大 66.7%。错位型微孔板的声阻抗主要由微孔截面的声阻抗决定，厚度变化贡献的声阻抗很小，因而对吸声性能的影响也很小。

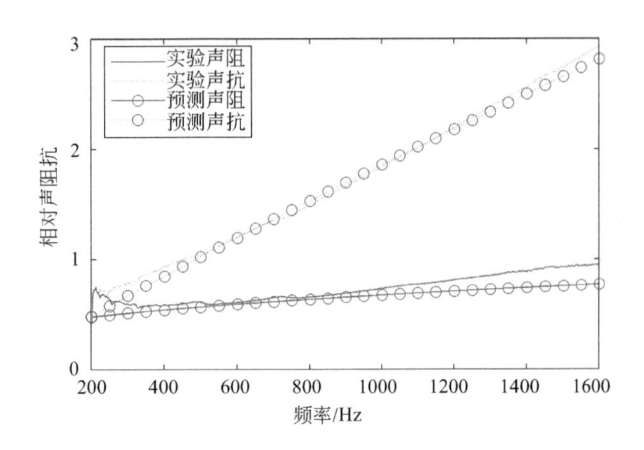

图 5-66　试件 A 的相对声阻抗

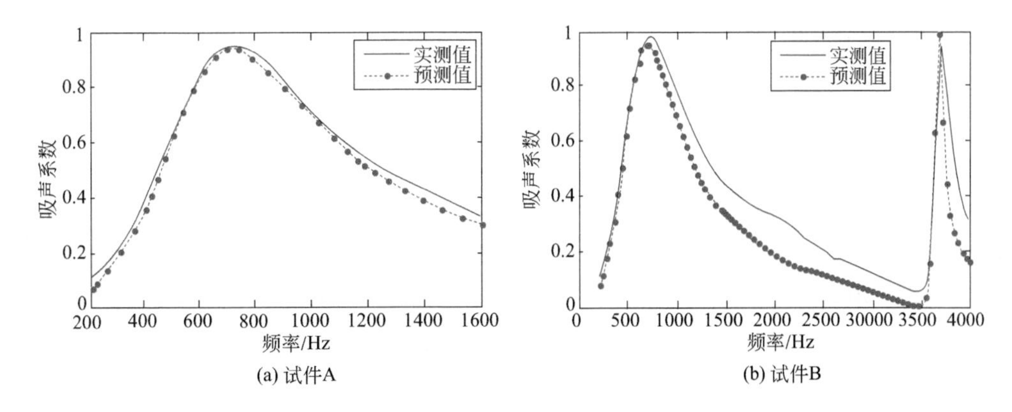

图 5-67　试件的吸声系数

5.3.4 夹层型

自20世纪70年代微穿孔板吸声结构理论被提出之后，微孔制作方法一直是研究的重点。如何制作出成本低、性能好的微穿孔板是一个迫切需要解决的问题，直接影响到微穿孔板的实际应用。目前，常用的微穿孔板制作方法是利用冲床对板材施以直接冲压得到的，这类冲压制孔方法简单，成本较低，便于大批量生产微穿孔板。但是，一般机械加工方法制备的微孔孔径较大且与板厚相当，难以加工直径远小于板厚的微孔；另外，所用模具的孔径和孔间距基本固定，不利于参数尺寸的灵活调整。

为了克服机械冲压的缺点，可以使用激光打孔或腐蚀法等微孔制备工艺。前者利用激光高能量密度的特点，用激光束在金属表面打孔，可加工孔径低至0.01mm的微孔，但一般造价较高，加工时间较长，在较厚板材上加工时容易因受热时间较长而引起板面变形。后者利用电蚀刻机或化学腐蚀剂对金属板进行电解腐蚀或化学腐蚀来制作微孔，可以加工不同形状的微孔，但一般难以精准控制，难以加工超细微孔。

近年来，学者们提出了一些新型微孔加工方法。Cobo等[38]开发了一种廉价的微穿孔板的加工工艺，他们将尺寸在一定范围内分布的食盐晶粒掺入环氧树脂中混合成型，再将成型品切片放置在水中溶解掉食盐晶粒，便得到了微穿孔板结构。Qian等[39]基于MEMS技术在硅材料上加工了直径小于0.1mm的超级微孔。段秀华[40]运用MEMS技术加工了不同孔径的超微孔硅基微穿孔板，还基于PVDF压电薄膜加工了柔性微穿孔板。Qian等[41]运用成型与铸造技术在柔性材料上加工了直径小于0.1mm的超级微孔。Liu等[42]利用高分子聚合物材料3D打印了微穿孔板。Gai等[43]利用热收缩材料的热收缩特性加工了超级微孔，先利用传统的微孔加工技术在热收缩材料上加工小孔，加热收缩后，孔径会减小20%～80%。

上述微孔制备工艺几乎可以完成任意微孔的加工，但在较厚板上加工孔径远小于板厚的微孔时仍存在困难。2012年，吕世明等[26]利用具有多个连续排列的单元刃部的冲头对凸伸出工作平台剪切缘的板材施予剪力，在板材的上表面形成多个点形连续凹陷，在板材下表面沿工作平台的剪切缘形成一线型凹陷，上下凹陷相贯通，贯通的交会处形成微孔，不断进给板材和反复施加剪力，便可加工出大量的微孔。这种结构被命名为微孔金属吸声板（CKM SoundMicro），是一种孔内结构复杂的突变截面微穿孔板，包括底面三角锥孔、中间狭缝孔和顶面扩张孔的三段微孔，如图5-68所示，其结构远比经典直通型微穿孔板复杂。经典微穿孔板理论并不能完全有效解释其吸声性能，Liu等[27]和王卫辰等[28, 29]运用最小二乘法将复杂的变截面微孔简化为具有等效几何参数的直通型圆孔进行研究，却难以解释其内部的耗能机理并对其性能进行优化。

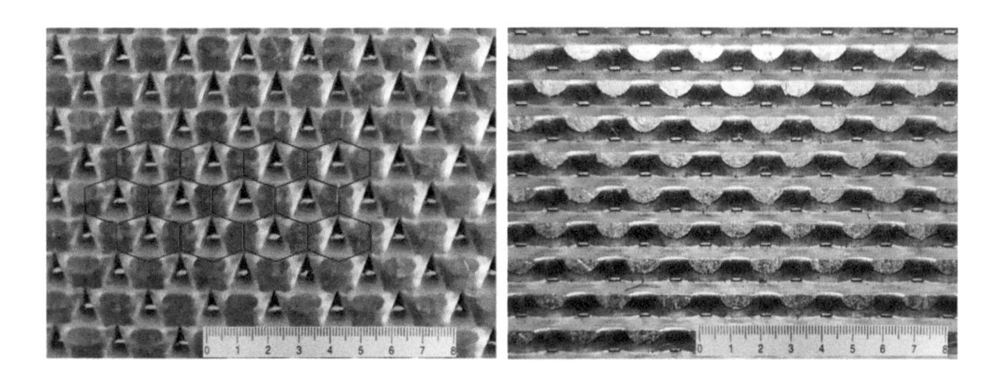

图 5-68　微孔金属吸声板实物图

（1）微孔结构的几何参数

微孔金属吸声板的底面密布具有椭圆形微细孔锥底的三角锥，顶面为微细波浪形表面，中间为椭圆形微细孔。微孔结构复杂，可以近似看作由不同截面形状、不同截面尺寸以及不同厚度的 3 段微孔所构成，依次为三角柱段、狭缝段和扩张缝段，如图 5-69 所示。其中三角柱段的截面近似为底边边长 1.0mm、高 1.0mm 的等腰三角形；椭圆形微细孔近似为狭缝孔，其长边边长为 0.4mm、短边边长为 0.08mm ；扩张缝孔近似看作锥形缝孔，忽略考虑微细波浪的影响，其小孔端缝宽为 0.08mm，大孔端缝宽为 0.5mm。3 段微孔的厚度分别为 0.55mm、0.05mm 和 0.4mm，板的总厚度为 1.0mm。其中，三角柱段和狭缝段近似呈边长为 1.0mm 的

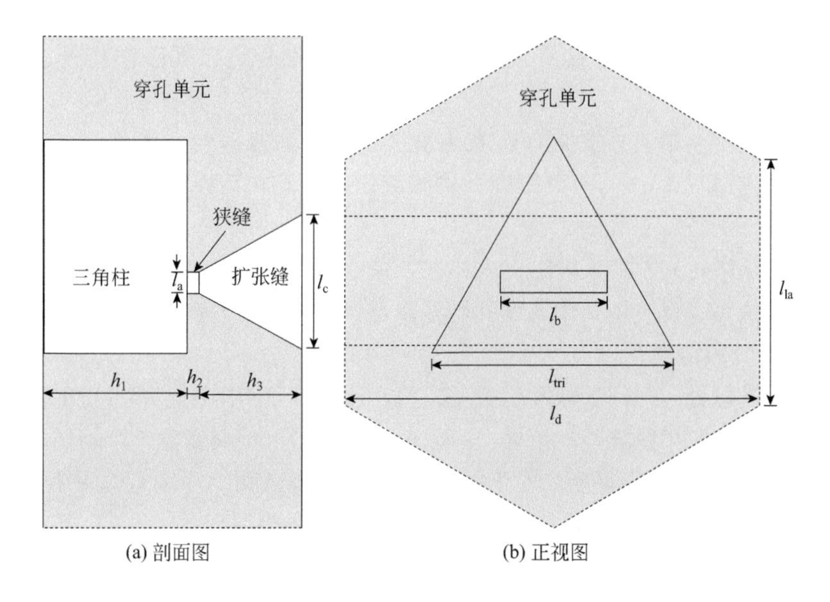

图 5-69　微孔金属吸声板微孔结构示意图

正六边形分布，如图 5-69(b) 所示。三角柱段和狭缝段的穿孔率（微孔截面积与板面积之比）分别为 19.25% 和 1.23%，扩张缝段的小孔端和大孔端的穿孔率分别为 6.67% 和 33.33%，三段微孔总体积空隙率（微孔体积与板体积之比）为 16.40%，单位平方米的孔数达到 38.5 万个。具体的结构参数如表 5-12 所示 [44]。

表 5-12 微孔金属吸声板的微孔结构参数

参数	符号	数值 /mm
三角柱边长	l_{tri}	1.0
狭缝孔短边	l_a	0.08
狭缝孔长边	l_b	0.4
扩张缝孔小口端边长	l_a	0.08
扩张缝孔大口端边长	l_c	0.5
扩张缝孔长度	l_d	1.73
总厚度	h	1.0
三角柱厚度	h_1	0.55
狭缝孔厚度	h_2	0.05
扩张缝孔厚度	h_3	0.4
微孔单元的边长	l_{la}	1.0

（2）声阻抗理论计算模型

整体结构的声阻抗包括三部分，第一部分是各孔段的孔内效应对应的声阻抗，第二部分是出入口末端产生的声阻抗，第三部分是各孔段连接处产生的额外声阻抗。

三角柱段产生的孔内效应可以参考式（2-63）计算得到，狭缝段产生的孔内效应可以参考式（2-61）计算得到，扩张缝段的声阻抗可以参考式（5-13）计算得到。

当声波从微孔的左端入射时，入口在三角柱端，出口在扩张缝端，出入口末端产生的声阻抗可以将三角孔和狭缝孔均看作是具有等效水力直径的圆形孔，然后参考式（4-9）计算得到。

在孔段连接处，几何参数发生突变，将产生类似于声阻抗末端修正的额外声阻抗。对于三角柱段和狭缝段连接处，可以近似采用阶梯型突变额外声阻抗的计算方法，参考式（5-14）计算得到。对于狭缝段和扩张缝连接处，可以近似采用错位型突变处引起的额外声阻抗的计算方法，参考式（5-20）计算得到。

夹层型微穿孔板的声阻抗包含孔内声阻抗、出入口末端声阻抗和孔段连接处产生的声阻抗。

考虑到各段的穿孔率不同，需要将各段的声阻抗除以对应的穿孔率和空气特性阻抗，便得到夹层型微穿孔板整体的相对声阻抗为

$$z=\frac{1}{\rho_0 c_0}\left(\frac{Z_{\text{tri}}+R_{\text{ext,i}}+\text{i}X_{\text{ext,i}}}{\phi_{\text{tri}}}+\int_0^{h_3}\frac{Z_{\text{tap},x}}{\phi_x}\text{d}x+\frac{R_{\text{ext,o}}+\text{i}X_{\text{ext,o}}}{\phi_{\text{out}}}+\frac{Z_{\text{sli}}+R_{\text{dis1}}+\text{i}X_{\text{dis1}}+R_{\text{dis2}}+\text{i}X_{\text{dis2}}}{\phi_{\text{sli}}}\right) \tag{5-22}$$

式中，Z_{tri}、Z_{sli} 和 Z_{tap} 分别表示三角柱段、狭缝段和扩张缝段的孔内效应对应的声阻抗率；$R_{\text{ext,i}}$、$X_{\text{ext,i}}$、$R_{\text{ext,o}}$ 和 $X_{\text{ext,o}}$ 分别表示入口端和出口端声阻和声抗末端修正量；R_{dis1}、X_{dis1}、R_{dis2} 和 X_{dis2} 分别表示孔段连接处产生的额外声阻和声抗；ϕ_{tri} 和 ϕ_{sli} 分别表示三角柱段和狭缝段的穿孔率；ϕ_{out} 表示扩张缝大口端（出口端）的穿孔率；ϕ_x 表示扩张缝截面 x 处的穿孔率。

（3）微孔内外的声学行为

参考 4.2 节对夹层型微孔结构单元的 1/2 部分进行仿真建模，如图 5-70 所示。仿真得到三角柱段与狭缝段连接处的总声压、局部速度和总黏热能量损失密度分布，分别如图 5-71(a)、图 5-72(a) 和图 5-73(a) 所示。可以看出，狭缝段的声压显著偏低，速度和能量损失密度显著提高。

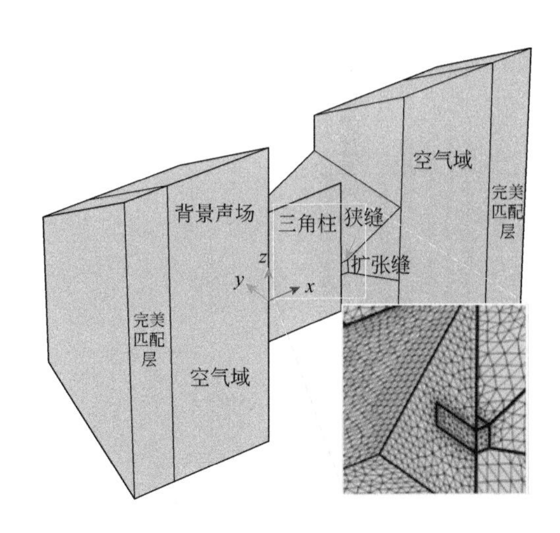

图 5-70　仿真模型示意图

进一步分析得到各声学参量的截面平均值沿厚度方向的变化规律，如图 5-71(b)、图 5-72(b) 和图 5-73(b) 所示。将夹层型整体结构分割为三角柱段、狭缝孔段和扩张缝段，并将每段的长度均延长到 1.0mm，按照相同的方法得到具有单独三角柱段、狭缝孔段和扩张缝段的微穿孔板的截面平均值分布情况，作为对比也

绘制在图中。

图 5-71(b) 给出了总声压的截面平均值沿厚度方向的变化。从图中可以看出，狭缝孔段及两侧突变处的声压梯度远大于三角柱段和扩张缝段，该孔段声压的变化量接近于微孔整体的变化量。图 5-72(b) 给出了局部速度的截面平均值沿厚度方向的变化。从图中可以看出，截面平均速度在三角柱段和狭缝孔段均近似保持不变，后者显著偏大，扩张缝内截面平均速度越靠近大孔端变化越缓慢，与 5.3.1 介绍的渐变型结构的分布规律相似。图 5-73(b) 给出了总黏热能量损失密度的截面平均值沿厚度方向的变化。从图中可以看出，截面平均能量损失密度在三角柱段和狭缝孔段均近似保持不变，后者显著偏高，扩张缝内截面平均能量损失密度与截面平均速度的变化类似。狭缝孔段和突变连接处声压的急剧下降，激发对应孔段处的质点速度显著偏高，进而消耗更多的声能量。另外，声压、速度和能量损失密度在声波出入口端和孔缝连接处等几何尺寸不连续处均对应突变。

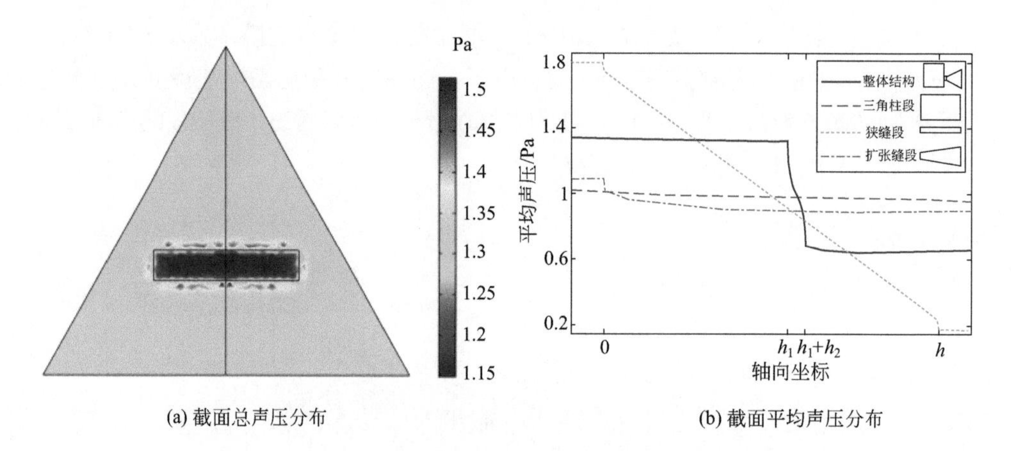

(a) 截面总声压分布

(b) 截面平均声压分布

图 5-71　总声压分布

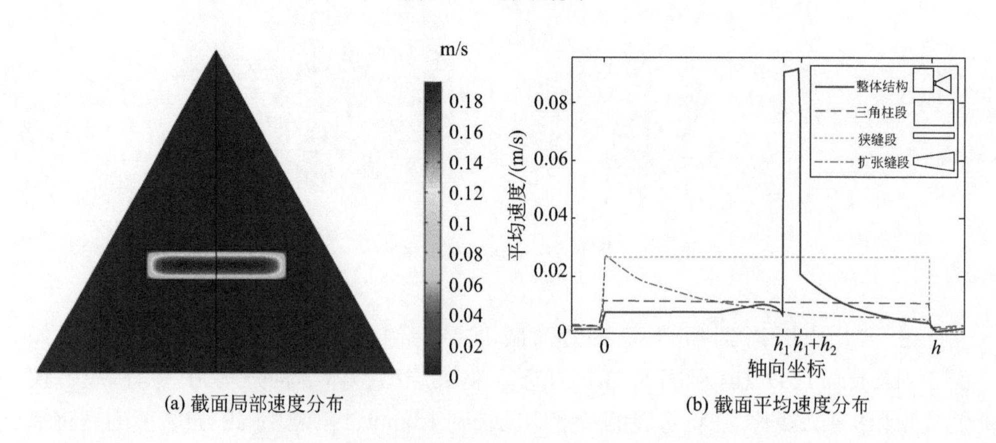

(a) 截面局部速度分布

(b) 截面平均速度分布

图 5-72　局部速度分布

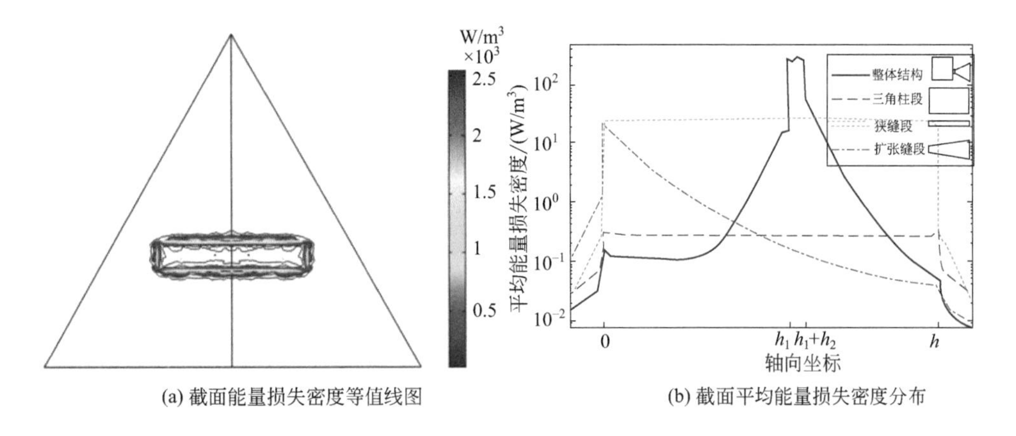

(a) 截面能量损失密度等值线图

(b) 截面平均能量损失密度分布

图 5-73　总黏热能量损失密度分布

(4) 数值仿真验证

对结构进行仿真计算得到夹层型结构的传递声阻抗，如图 5-74 所示，理论模型计算得到的相对声阻抗也绘制在图中。可以看出，两者一致性较好，声阻低频部分和声抗高频部分有一些偏差，主要是由于孔段连接处的近似处理造成的。

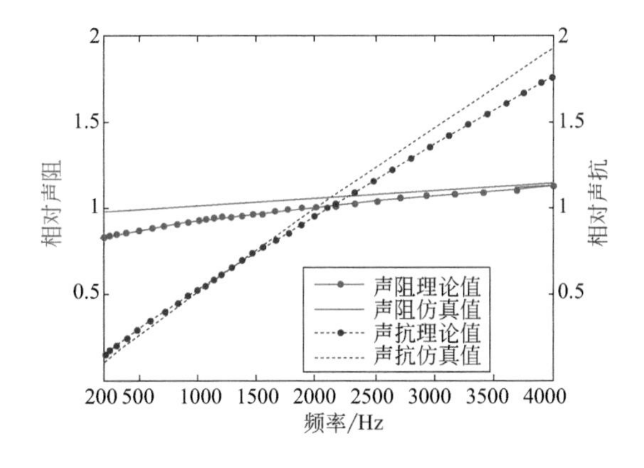

图 5-74　理论计算与仿真计算结果的对比

(5) 孔段与整体结构的声阻抗关系

为了研究各孔段对整体结构吸声性能的影响，将夹层型整体结构分割为三个孔段，分别为三角柱段、狭缝段和扩张缝段，参考前面的计算公式可以计算出每一孔段的声阻抗，并与整体结构的声阻抗进行对比，如图 5-75(a) 和 (b) 所示。假定背腔深度为 40mm，各孔段与整体结构的吸声性能如图 5-75(c) 所示。从图中可以看出，三角柱段和扩张缝段无法提供足够的声阻因而吸声系数较低；狭缝段的吸声性能与整体结构比较接近，但它的厚度仅为0.05mm，远低于整体结构的厚度，单独应用时难以保证足够的机械强度。

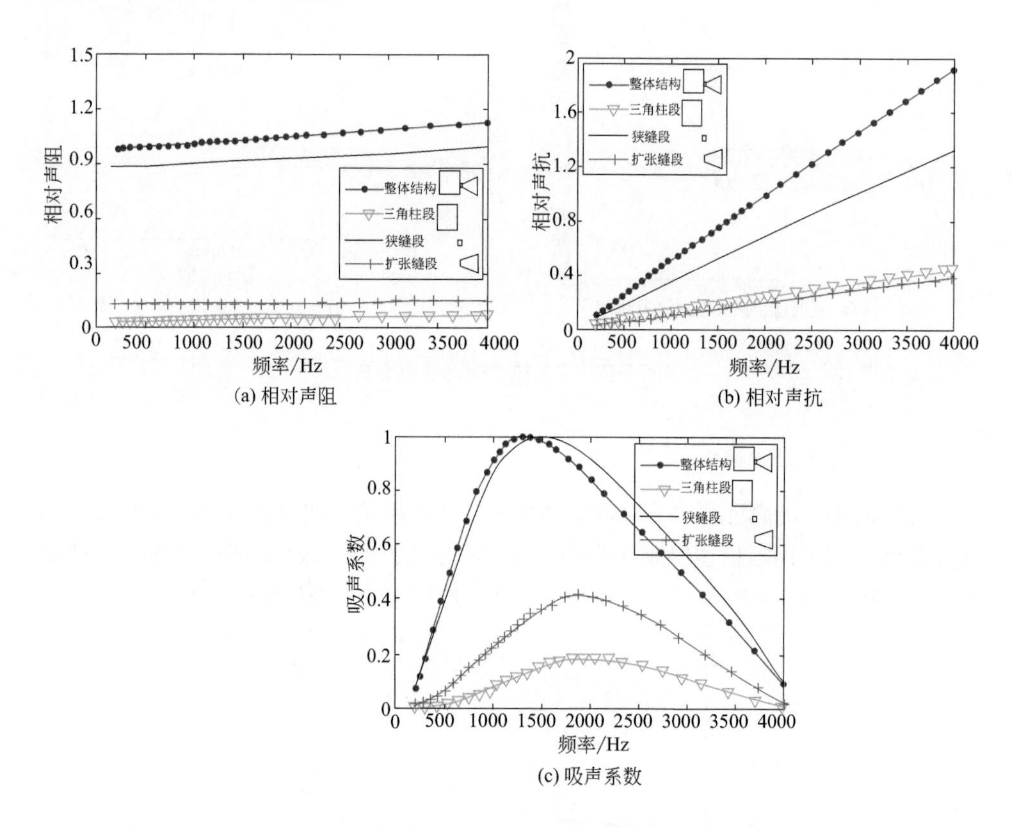

(a) 相对声阻　(b) 相对声抗　(c) 吸声系数

图5-75　夹层型结构各孔段与整体结构的声阻抗和吸声系数

将各孔段的厚度均增加到1mm，即与整体结构的厚度相同，声阻抗和吸声性能的对比如图5-76所示。从图中可以看出，三角柱段和扩张缝段仍然由于声阻过小而吸声系数较低，而扩张缝段则因为声阻过大而吸声系数也较低。当然，可以通过将缝宽从0.08mm增大到0.165mm而调节声阻到1.0左右，此时对应的吸声系数曲线如图中黑色粗线条所示，有效吸声带宽大约为6个1/3倍频带，与一般的直通型微穿孔板吸声结构的吸声性能相当。当然也可以通过增加穿孔率将声阻调节到1.0左右，此时对应的单位面积孔数增加8倍左右，考虑到在厚板上加工微孔的困难，其很难在实际中实现。

前面的分析说明了单一孔段难以实现较好的吸声性能，下面将讨论采用两段微孔的组合是否可行，图5-77展示了任意两段微孔组合结构的吸声性能。从图中可以看出，狭缝段与三角柱段或扩张缝段的组合结构均能取得与整体结构相似甚至作用频带更宽的吸声性能，主要因为：①组合结构保留了能够以最小声抗提供足够声阻的狭缝段；②组合结构具备能够提供足够板厚且附带的声阻抗可忽略不计的三角柱段或扩张缝段。

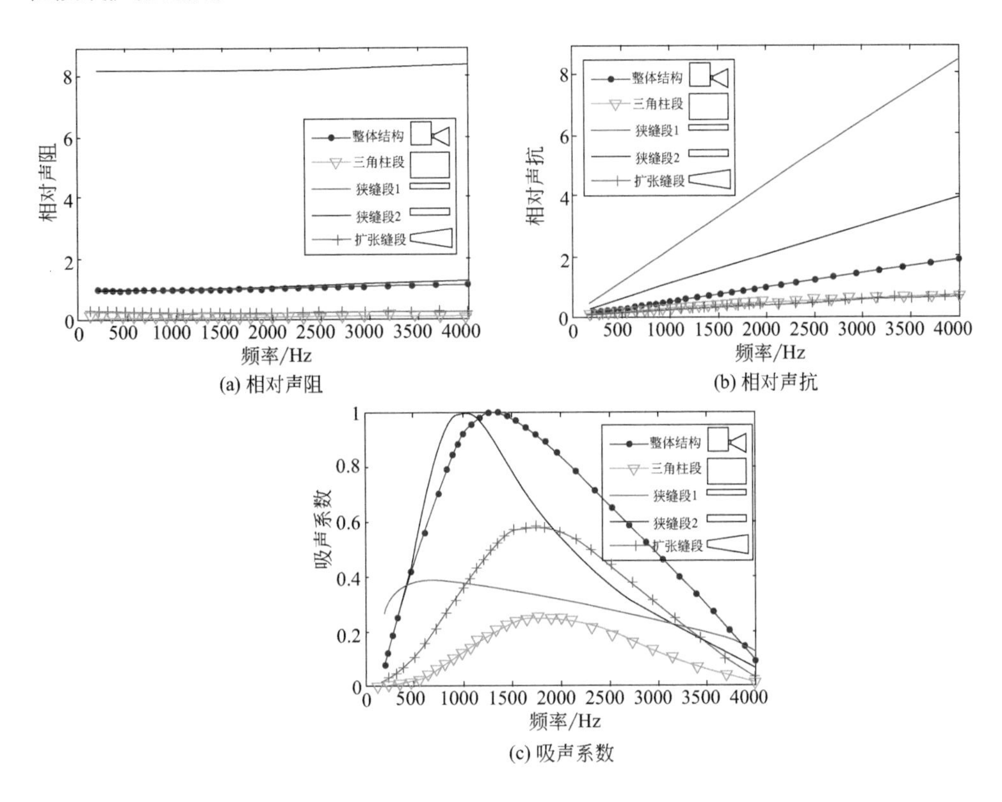

图 5-76　相同厚度下各孔段与整体结构的声阻抗和吸声系数

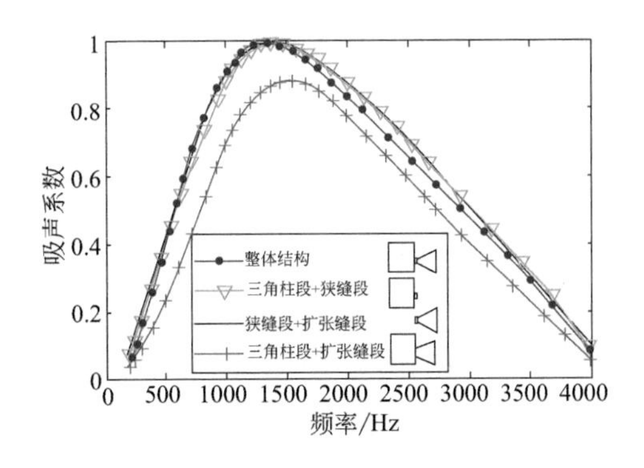

图 5-77　任意两孔段的组合结构与整体结构的吸声系数

因此，从声学角度来讲，整体结构可以简化为狭缝段和一个大孔段，狭缝段的缝宽、长宽比、长度和穿孔率决定了吸声性能，而大孔段的孔形和尺寸影响较小。

因此，薄板上很容易设计实现具有优异的吸声性能的微缝孔，这种结构再叠加一层大孔厚板，附加的声阻抗可忽略不计，因而整体结构的吸声性能基本保持不变，同时，整体结构的机械强度因叠加的厚板而显著增强。

（6）结构刚度

为了说明变截面微穿孔板有利于增加结构的机械强度，下面研究四种结构的力学性能，分别包括整体结构、三角柱段和狭缝段组合结构、狭缝段和扩张缝段组合结构以及狭缝孔直通型结构，从图 5-75(c) 和图 5-77 可以看出，四种结构的吸声性能均比较接近。每种结构的抗弯刚度均可等效为无孔实体板而进行评价，运用 COMSOL 固体力学模块确保相同载荷条件下各种结构均具备相同最大弯曲变形量，计算得到四种结构的等效厚度。每种微穿孔板结构均建模为铝质方形面板，面板边长为 30mm，面板厚度为 1.0mm，周界固定约束，正面施加均匀分布的面荷载。表 5-13 列出了四种结构的等效厚度。从表中可以看出，相对于直通型结构，变截面结构均具备更好的机械强度，三角柱段和狭缝段组合结构的结构强度更高。

表 5-13　等效结构刚度

结构	等效厚度 /mm
整体结构	0.763
狭缝孔直通型结构	0.049
三角柱段和狭缝段组合结构	0.918
狭缝段和扩张缝段组合结构	0.664

（7）实验验证

微孔金属吸声板结构相当复杂，其加工的初衷为：①利用底部不同角度的三角锥面和顶部波浪形表面使作用的声波产生干涉，消耗一部分声能；②单位面积的结构板上加工的微孔数目越多、孔径越小，越有利于提高其吸声效果[26]。仔细分析，上述两点初衷实际上并不成立，即使高频声波（频率 10000Hz）作用于结构表面，声波波长（34mm 左右）仍远大于三角锥和波浪形表面的特征尺寸，不会有效形成干涉消耗声能。另外，只有合适的微孔数目和孔径，使其声阻抗与空气特性阻抗相匹配，吸声性能才能更优。图 5-78 展示了微孔金属吸声板的 3D 扫描剖面图，可以看出，其实际结构远比上述简化的结构复杂。考虑到狭缝孔具有相同的尺寸以及三角柱段和扩张缝段可忽略不计的声学作用，实际结构可以简化为上述理论计算和仿真分析的简化结构，即三角锥简化为三角柱、椭圆形微细孔简化为狭缝孔、微细波浪形表面简化为扩张缝、非正六边形晶格分布简化为正六边形晶格分布。运用 3D 打印技术加工制备简化结构，如图 5-79 所示。

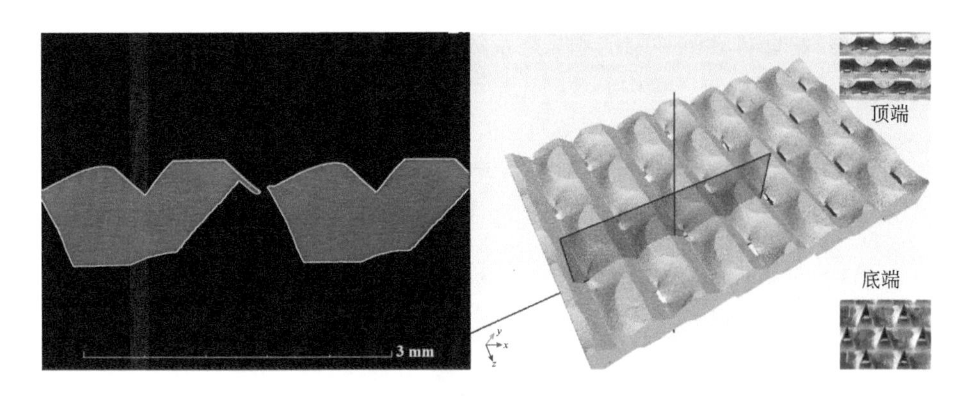

图 5-78　微孔金属吸声板剖面图

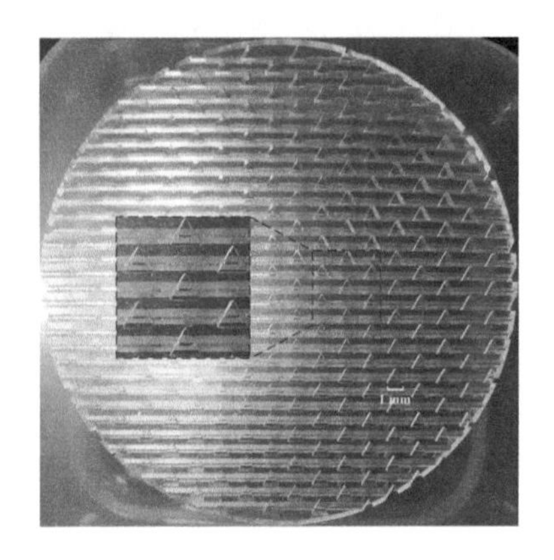

图 5-79　3D 打印样件实物图

运用阻抗管测试上述样件法向声阻抗率和吸声系数，测试频率范围为 200 ～ 4000Hz，背腔深度为 40mm。实验得到微穿孔板吸声结构的声阻抗减去背腔的声阻抗便得到微穿孔板本身的声阻抗。从图 5-80 和图 5-81 的结果对比中可以看出，简

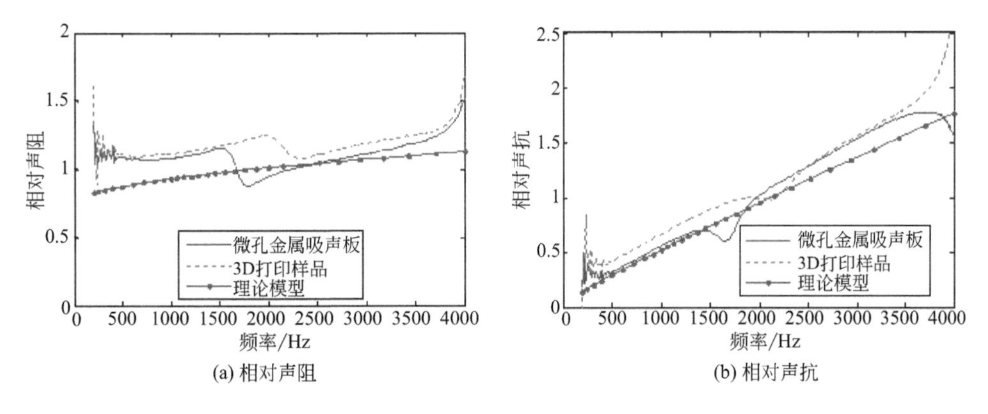

图 5-80　相对声阻抗结果对比

化结构的 3D 打印样件的声阻抗和吸声系数曲线与微孔金属吸声板基本一致，证实了对微孔金属吸声板进行结构参数简化是可行的。

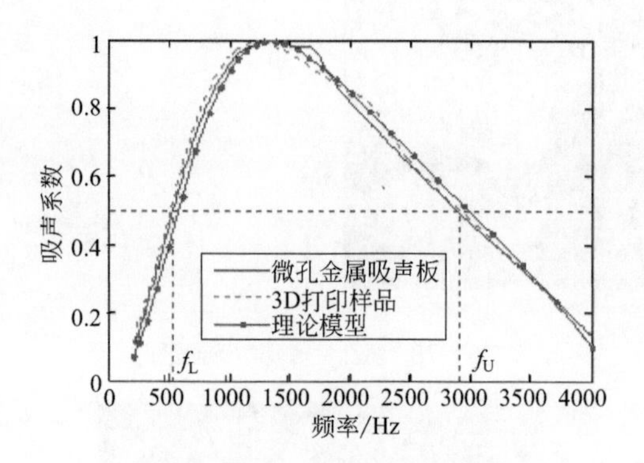

图 5-81　吸声系数结果对比

值得指出的是，3D 打印的简化结构具有非常优异的吸声性能，它的最大吸声系数达到 1.0，背腔深度为 40mm 时，其共振吸声频率为 1316Hz，有效吸声频率范围为 535 ～ 2900Hz，吸声频程达到 5.4，超过 7 个 1/3 倍频带，显著高于普通微穿孔板。

参考文献

[1] 马大猷．微穿孔吸声体吸收带宽极限 [J]. 声学学报，2003, 28(6): 561-562.
[2] 马大猷．微穿孔板的实际极限 [J]. 声学学报，2006, 31(6): 481-484.
[3] 马大猷．组合微穿孔板吸声结构 [J]. 噪声与振动控制，1990, (3): 3-9.
[4] Pfretzschner J, Cobo P, Simón F, Cuesta M, Fernandez A. Microperforated insertion units: An alternative strategy to design microperforated panels[J]. Applied Acoustics, 2006, 67: 62-73.
[5] 张斌，陶泽光，丁辉．用传递矩阵法预测单层或多层微孔板的吸声性能 [J]. 应用声学，2007, 26(3): 164-169.
[6] 祝瑞银．微穿孔板吸声结构的吸声性能及其优化 [D]. 镇江：江苏大学，2007.
[7] 张晓杰．多层微穿孔板的优化设计及应用 [D]. 镇江：江苏大学，2007.
[8] 赵晓丹，张晓杰，姜哲．三层微穿孔板的优化设计及特性分析 [J]. 声学学报，2008, 33(1): 84-87.
[9] Sakagami K, Matsutani K, Morimoto M. Sound absorption of a double-leaf microperforated panel with an air-back cavity and a rigid-back wall: Detailed analysis with a Helmholtz–Kirchhoff integralformulation[J]. Applied Acoustics, 2010, 71: 411-417.
[10] Sakagami K, Yairi M, Morimoto M. Multiple-leaf sound absorbers with microperforated panels-an overview[J]. Acoustics Australia, 2010, 38(2): 76-81.
[11] Sakagami K, Nakamori T, Morimoto M, Yairi M. Double-leaf MPP space absorbers-A revised theory and detailed analysis[J]. Applied Acoustics, 2009, 70(5): 703-709.
[12] Sakagami K, Fukutani Y, Yairi M, Morimoto M. Sound absorption characteristics of a double-leaf structure with an MPP and a permeable membrane[J]. Applied Acoustics, 2014, 76: 28-34.
[13] Sakagami K, Fukutani Y, Yairi M, Morimoto M. A theoretical study on the effect of a permeable membrane in the air cavity of a double-leaf microperforated panel space sound absorber[J]. Applied Acoustics, 2014, 79:104-109.
[14] Cobo P, Colina C, Roibás-Millán E, Chimeno M, Simón F. A wideband triple-layer microperforated panel sound absorber[J]. Applied Acoustics, 2019, 226: 111226.
[15] Cobo P, Simón F. Multiple-layer microperforated panels as sound absorbers in buildings: A review[J]. Building, 2019, 9(53): 1-25.
[16] Gai X L, Xing T, Li X H, Zhang B, Wang F, Cai Z N, Han Y. Sound absorption of microperforated panel with L shape division cavity structure[J]. Applied Acoustics, 2017, 122: 41-50.
[17] 盖晓玲，李贤徽，邢拓，张斌，蔡泽农，王芳，韩钰．L 型分割背腔的微穿孔板吸声结构的吸声性能研究 [J]. 振动与冲击，2018, 37(6): 256-260.
[18] Xing T, Gai X L, Li X H, Cai Z N, Wang F, Guan X W, Jiang C S. Partial microperforated panel and its acoustic siphon effect[J]. Applied Acoustics, 2020, 167, 107355.
[19] Randeberg R T. Perforated panel absorbers with viscous energy dissipation enhanced by orifice design[J]. Trondheim: Norwegian University of Science and Technology, 2000.
[20] Sakagami K, Morimoto M, Yairi M, Minemura A. A pilot study on improving the absorptivity of a thick microperforated panel absorber[J]. Applied Acoustics, 2008, 69(2): 179-182.
[21] Herdtle T, Bolton J S, Kim N N, Alexander J H, Gerdes R W. Transfer impedance of microperforated materials with tapered holes[J]. Journal of the Acoustical Society of America, 2013: 134(6), 4752-4762.

[22] Qian Y J, Cui K, Liu S M, Li Z B, Kong D Y, Sun S M. Numerical study of the acoustic properties of micro-perforated panels with tapered hole[J]. Noise Control Engineering Journal, 2014, 62(3): 152-159.
[23] 王静云，常安定，徐春龙，周秀秀，王久杰．应用粒子群优化算法设计锥形孔微穿孔板结构 [J]. 陕西师范大学学报（自然科学版），2014, 42(2): 37-41.
[24] 卢伟健，张斌，李孝宽．变截面微穿孔板吸声特性研究 [J]. 噪声与振动控制，2009, 29(2): 147-150.
[25] 何立燕，扈西枝，陈挺．孔截面变化对厚微穿孔板吸声性能的影响 [J]．噪声与振动控制，2011, 31(1): 141-144.
[26] 吕世明．在金属板材制作微孔的方法 [P]. 中国，102439239 B, 2013-11-13.
[27] Liu J, Hua X, Herrin D W. Estimation of effective parameters for microperforated panel absorbers and applications[J]. Applied Acoustics, 2014, 75: 86-93.
[28] 王卫辰，邢邦圣，顾海霞，马然．微穿孔板几何参数估算及其对吸声性能的影响 [J]．声学学报，2019, 44(3): 369-375.
[29] Wang W C, Xing B S, Gu H X, Ma R. Estimation of geometric parameters for microperforated panels and their effects on sound performance[J]. Chinese Journal of Acoustics, 2019, 38(2): 215-226.
[30] Jiang C S, Li X H, Cheng W Y, Luo Y, Xing T. Acoustic impedance of microperforated plates with stepwise apertures[J]. Applied Acoustics, 2020, 157: 106998.
[31] 蒋从双．变截面微穿孔板吸声降噪研究 [D]. 北京：中国地质大学（北京），2020.
[32] Jiang C S, Li X H, Xing T, Zhang B. Acoustic performance of overlapping micro-gapped strips[J]. Applied Acoustics, 2020, 165, 107341.
[33] 蒋从双，李贤徽，邢拓．错位微缝板吸声性能研究 [J]. 振动与冲击，2020, 39(14): 69-75.
[34] 蒋从双，秦勤，姚琨，户文成．一种微孔吸声装置 [P]. 中国，ZL201820494343.1, 2018-12-04.
[35] Tayong R. On the holes interaction and heterogeneity distribution effects on the acoustic properties of air-cavity backed perforated plates[J]. Applied Acoustics, 2013, 74: 1492-1498.
[36] 盖晓玲，李贤徽，张斌，马智慧，邢拓．微孔分布范围对穿孔板吸声性能的影响 [J]. 压电与声光，2016, 38(5): 795-798.
[37] Carbajo J, Ramis J, Godinho L, Amado-Mendes P, Alba J. A finite element model of perforated panel absorbers including viscothermal effects[J]. Applied Acoustics, 2015, 90: 1-8.
[38] Cobo P, Espinosa F M. Proposal of cheap microperforated panel absorbers manufactured by infiltration[J]. Applied Acoustics, 2013, 74: 1069-1075.
[39] Qian Y J, Kong D Y, Fei J T. A note on the fabrication methods of flexible ultra micro-perforated panels[J]. Applied Acoustics, 2015, 90: 138-142.
[40] 段秀华．拓展单层微穿孔板吸声体频带宽度的研究 [D]. 合肥：中国科学技术大学，2013.
[41] Qian Y J, Kong D Y, Liu S M, Sun S M, Zhao Z. Investigation on micro-perforated panel absorber with ultra-micro perforations[J]. Applied Acoustics, 2013, 74: 931-935.
[42] Liu Z Q, Zhan J X, Fard M, Davy J L. Acoustic properties of multilayer sound absorbers with a 3D printed micro-perforated panel[J]. Applied Acoustics, 2017, 121: 25-32.
[43] Gai X L, Xing T, Cai Z N, Wang F, Li X H, Zhang B, Guan X W. Developing a microperforated panel with ultra-micro holes by heat shrinkable materials[J]. Applied Acoustics, 2019, 152: 47-53.
[44] Jiang C S, Li X H, Xiao W M, Zhang B. Acoustic characteristics of microperforated plate with variable cross-sectional holes[J]. Journal of the Acoustical Society of America, 2021, 150(3): 1652-1662.

Chapter 6

第 6 章 微孔吸声结构的拓展与应用

将微穿孔板与其他类型的吸声结构复合，有助于拓展微穿孔板的吸声性能。另外，在微穿孔基材的选择上也可以进行拓展，采用自身带有微孔的机织物或者穿孔薄膜等材质也能实现有效吸声。本章将介绍微穿孔板复合结构、纺织吸声材料以及微孔软膜吸声结构，同时针对微孔软膜空间吸声体，详细介绍其建模理论和应用设计案例。

6.1 微穿孔板复合结构

微穿孔板吸声结构是大量亥姆霍兹共鸣器并联构成的，是典型的共振吸声结构。在远离共振频率处，该结构的吸声系数迅速降低。通过其他结构复合，可引入额外共振吸声峰，拓展吸声带宽，提升微穿孔板结构的吸声性能。

6.1.1 复合亥姆霍兹共鸣器

为了提升低频吸声性能，设计一种微穿孔板与亥姆霍兹共鸣器复合结构，其结构示意图与等效电路图如图 6-1(a)(b) 所示。根据等效电路图，同时考虑两者的面积占比，微穿孔板与亥姆霍兹共鸣器复合结构的声阻抗率为 [1]

$$\frac{1}{Z}=\frac{A_{\mathrm{MPP}}}{Z_{\mathrm{MPP}}}+\frac{A_{\mathrm{HR}}}{Z_{\mathrm{HR}}} \tag{6-1}$$

式中，A_{MPP} 表示微穿孔板结构面积与结构总面积之比；A_{HR} 表示亥姆霍兹共鸣器颈部面积与结构总面积之比；Z_{MPP} 表示微穿孔板的声阻抗率，其计算方法参考 2.4.4 节；Z_{HR} 表示亥姆霍兹共鸣器的声阻抗率，计算如下：

$$Z_{\mathrm{HR}}=R_{\mathrm{HR}}+\mathrm{i}\omega M_{\mathrm{HR}}-\mathrm{i}\frac{\rho_0 c_0^2 S_0}{\omega V_0} \tag{6-2}$$

式中，V_0 和 S_0 分别表示亥姆霍兹共鸣器的共振腔体积和颈部面积，具体参考 2.3 节。该节中声阻抗率的计算方法并未考虑亥姆霍兹共鸣器颈部末端修正的影响。为了更加准确获得结构的吸声性能，R_{HR} 和 M_{HR} 计算如下 [2]：

$$\begin{aligned} R_{\mathrm{HR}} &= \rho_0 c_0 \frac{k}{d}\left[2\delta_{\mathrm{v}} h_{\mathrm{eff}}+(\gamma-1)\delta_{\mathrm{t}} h\right] \\ M_{\mathrm{HR}} &= \rho_0 h_{\mathrm{eff}}\left(1+\frac{2\delta_{\mathrm{v}}}{d}\right) \end{aligned} \tag{6-3}$$

式中，$h_{\mathrm{eff}}=h_0+h_{\mathrm{e1}}+h_{\mathrm{e2}}$ 为考虑末端修正的颈部等效长度。其中，h_0 表示亥姆霍兹共鸣器的颈部长度，h_{e1} 表示颈部向共振腔的声辐射导致的长度修正 [3]，h_{e2} 表示颈部向外部的声辐射导致的长度修正 [4]，具体为

$$\begin{aligned} h_{\mathrm{e1}} &= 0.82 r_0\left[1-1.35\frac{r_0}{h_0}+0.31\left(\frac{r_0}{h_0}\right)^3\right] \\ h_{\mathrm{e2}} &= 0.82 r_0\left[1-0.235\frac{r_0}{h_0}-1.32\left(\frac{r_0}{h_0}\right)^2+1.54\left(\frac{r_0}{h_0}\right)^3-0.86\left(\frac{r_0}{h_0}\right)^4\right] \end{aligned} \tag{6-4}$$

式中，r_0 为亥姆霍兹共鸣器颈部半径。

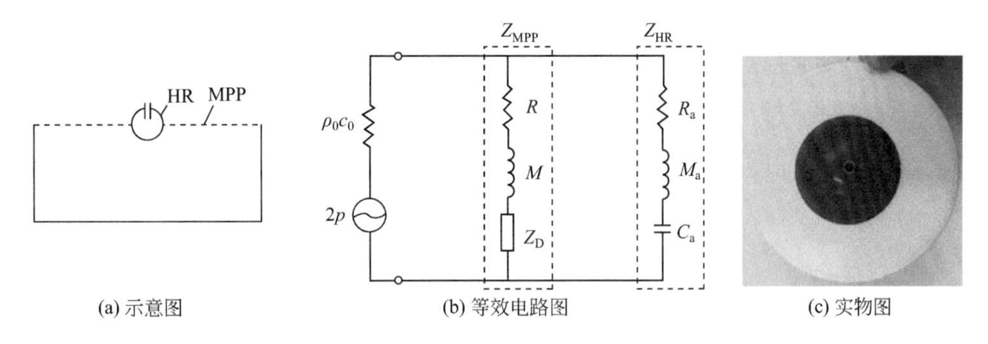

(a) 示意图 (b) 等效电路图 (c) 实物图

图 6-1 微穿孔板与亥姆霍兹共鸣器复合结构

下面通过案例说明其吸声性能，微穿孔板厚度为 0.5mm，穿孔直径为 0.3mm，穿孔率为 1%，背腔深度设置为 60mm，亥姆霍兹共鸣器颈部长度 l= 20mm，直径为 d= 6mm，共振腔为半径 25mm 的球体，如图 6-1(c) 所示。运用阻抗管测试其法向吸声系数，如图 6-2 所示。可以看到，微穿孔板与亥姆霍兹共鸣器复合结构有两个吸声峰，低频吸声峰由亥姆霍兹共鸣器决定，高频吸声峰由微穿孔板决定，合理地选择亥姆霍兹共鸣器的参数，可以提高复合结构的低频的吸声性能。

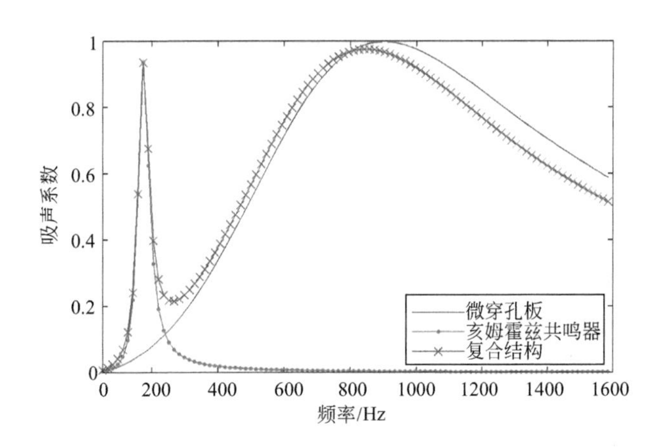

图 6-2 微穿孔板与亥姆霍兹共鸣器复合结构吸声系数

图 6-3 ～图 6-5 探讨了亥姆霍兹共鸣器结构参数对复合结构吸声性能的影响。当其他参数不变时，随着亥姆霍兹共鸣器颈部长度的增加，低频吸声峰向低频移动，而高频吸声峰保持不变；随着颈部直径的增大，低频吸声峰向高频移动，而高频吸声峰保持不变。当 d=8mm 时，低频吸声峰融入高频吸声峰，几乎观察不到低频吸声峰值。随着亥姆霍兹共鸣器的共振腔体积的增大，低频吸声峰向低频移动，高频吸声峰向高频移动。

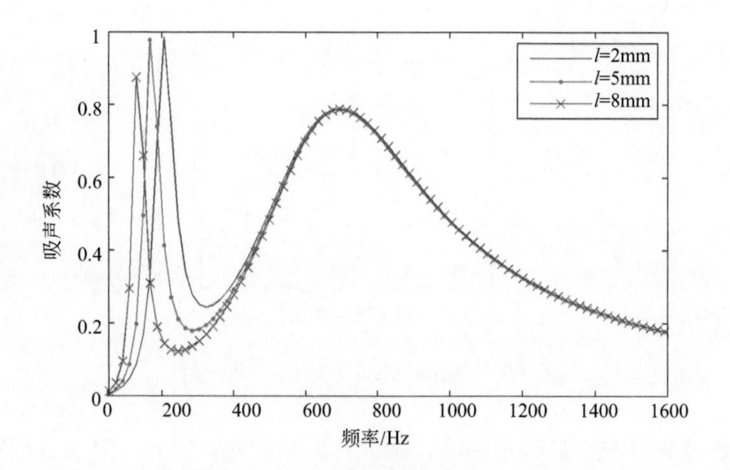

图 6-3　颈部长度对吸声系数的影响

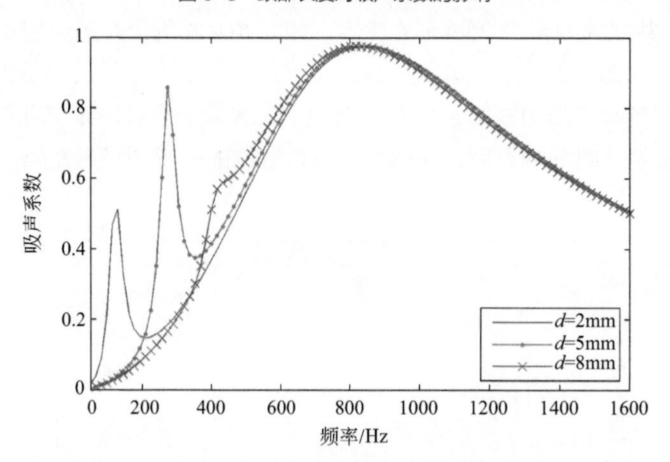

图 6-4　颈部直径对吸声系数的影响

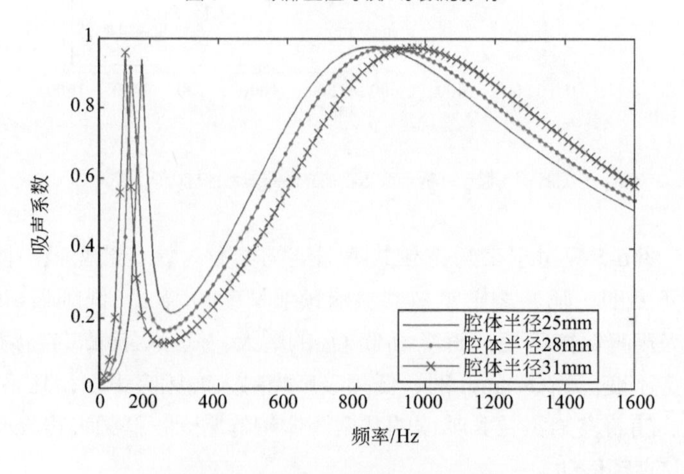

图 6-5　共振腔体积对吸声系数的影响

图 6-6 给出了微穿孔板复合多个亥姆霍兹共鸣器结构示意图，结构的等效电路如图 6-7 所示。

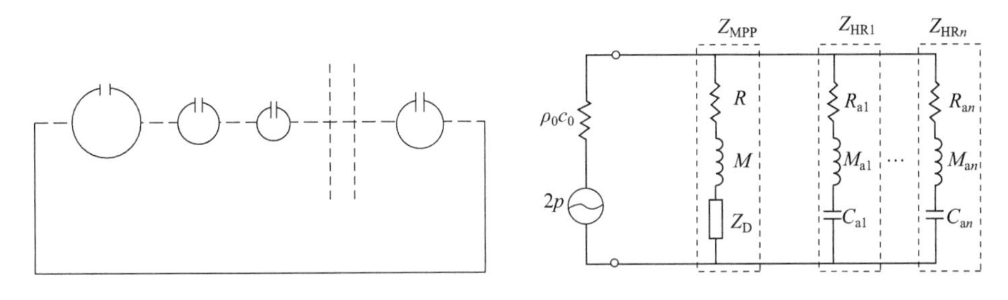

图6-6　结构示意图　　　　图6-7　等效电路图

微穿孔板与多个亥姆霍兹共鸣器复合的声阻抗率为

$$\frac{1}{Z_{tot}}=\frac{A_{MPP}}{Z_{MPP}}+\sum_{j=1}^{n}\frac{A_{HRj}}{Z_{HRj}} \tag{6-5}$$

式中，Z_{HRj} 为第 j 个亥姆霍兹共鸣器的声阻抗率。

图 6-8 给出了微穿孔板与双亥姆霍兹共鸣器复合结构的理论计算和实测的吸声系数。该复合结构中，微穿孔板厚度为 0.5mm，穿孔直径为 0.3mm，穿孔率为 1%，背腔深度设置为 40mm。一个亥姆霍兹共鸣器的颈部长度 $l_1=18$mm，直径 $d_1=4$mm，共振腔半径 $r_1=20$mm。另一个亥姆霍兹共鸣器的颈部长度 $l_2=40$mm，直径 $d_2=4$mm，共振腔半径 $r_2=40$mm。从图中可以看出，实验曲线和理论曲线基本一致。

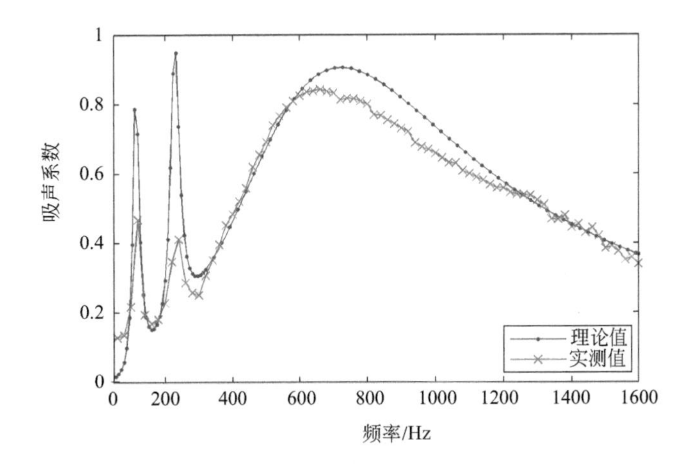

图6-8　微穿孔板与双亥姆霍兹共鸣器复合结构的吸声系数

6.1.2 复合薄膜谐振单元

近年来，研究人员对局域共振结构有了更新的认识。其中，薄膜型谐振器具备良好的低频吸声性能而备受关注。Mei 等 [5] 提出了薄膜附加质量块的谐振单元，并由此构成了薄膜型声学超材料，单层结构在 172Hz 处的吸声系数达到 0.7，双层在 164Hz 处实现了完美吸声。将薄膜谐振单元引入微穿孔板结构可以有效提升低频吸声性能 [6]，本节将就此展开讨论。

首先研究微穿孔板与薄膜单元复合结构的吸声性能。选择一种微穿孔板作为复合基体，将薄膜单元粘贴在微穿孔板上，如图 6-9 所示。其中，图 6-9(a)(b)(c) 中的薄膜单元的直径分别为 10mm、20mm 和 40mm；图 6-9(d) 中，在一块微穿孔板上集成了大小不等的四个薄膜单元，这四个薄膜单元的直径分别为 10mm、15mm、20mm 和 30mm。

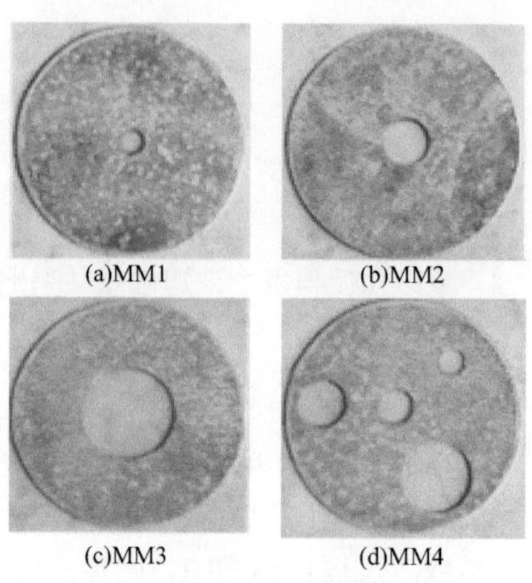

图 6-9 微穿孔板与薄膜单元复合结构

在阻抗管中测量微穿孔板与薄膜单元复合结构的吸声性能，测量频率范围为 50 ～ 1600Hz。图 6-10 给出了微穿孔板与薄膜单元复合结构的法向吸声系数。作为对比，单层微穿孔板吸声系数也绘制其中。可以看出，增加薄膜单元后，微穿孔板的吸声性能得到改善。当薄膜单元的直径在 10 ～ 40mm 范围内变化时，随着薄膜面积的增加，共振频率逐渐向高频方向移动。MM3 和 MM4 的吸声系数曲线非常接近。所以，为了达到相似的吸声性能曲线，可以用几个小面积的薄膜单元替代一个较大面积的薄膜单元。

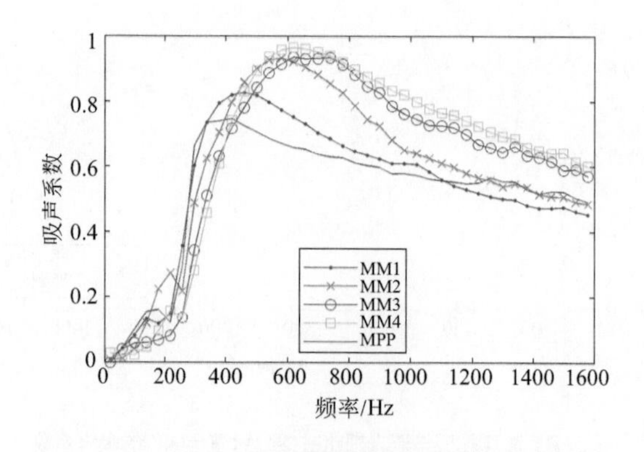

图 6-10 微穿孔板与薄膜单元复合结构的吸声系数

进一步在微穿孔板结构上引入薄膜谐振单元组成复合吸声结构，如图6-11所示。微穿孔板样品的直径为100mm，厚度为0.8mm，穿孔直径为0.8mm，穿孔率为2%。膜材料选用乳胶膜，薄膜单元的直径为40mm，在薄膜单元上分别附加1～3个铝质质量块，长3.2mm，宽3.5mm，厚1.0mm。三个质量块的总面积占薄膜单元面积的2.67%。

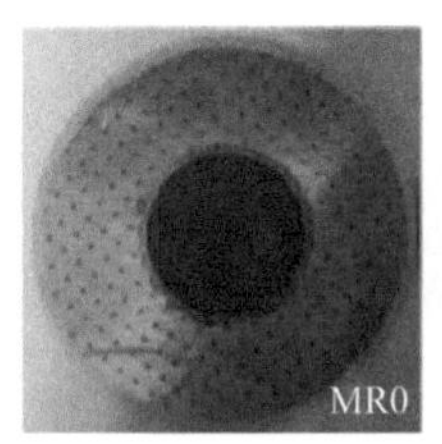

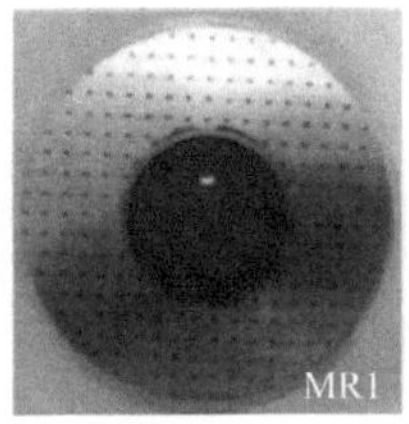

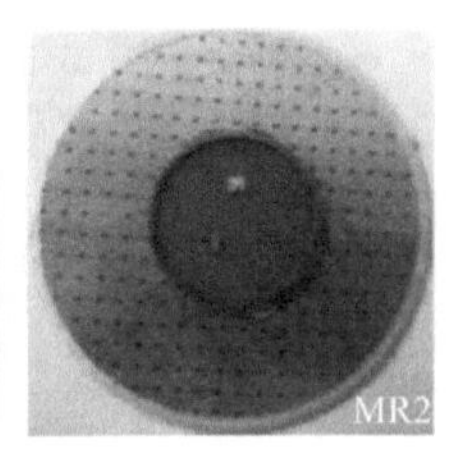

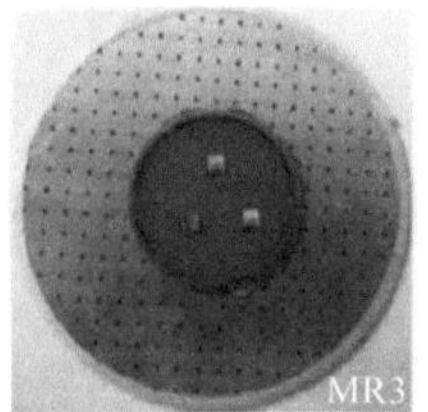

图6-11 微穿孔板与薄膜谐振单元

图6-12给出了上述复合结构的吸声系数。实验结果显示，随着质量块数量的增加，共振频率逐渐向高频方向移动。当质量块增加到3个时，带有40mm直径薄膜附加质量块的微穿孔板结构的吸声性能已经与单层微穿孔板结构的吸声性能相当，从而实现轻质高效吸声。同时，增加质量块后在一些频带处还引入了很多小的吸声峰。

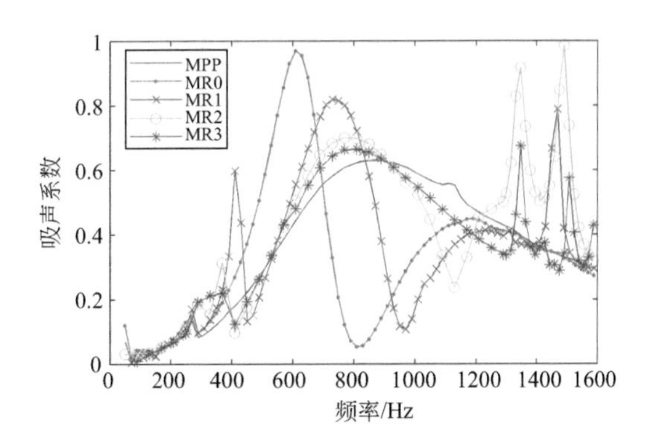

图6-12 微穿孔板与薄膜谐振单元复合结构的吸声系数

将薄膜谐振单元上的质量块增加到6个，如图6-13所示，其吸声系数由图6-14给出。从吸声系数曲线上可以看出，增加质量块会引入更多的吸声峰。复合吸声结构的吸声系数在562～1450Hz频率范围内都超过了0.5，在频率1310Hz处达到了最大吸声峰值 0.99。

图 6-13 微穿孔板与 6 个质量块薄膜谐振单元复合结构

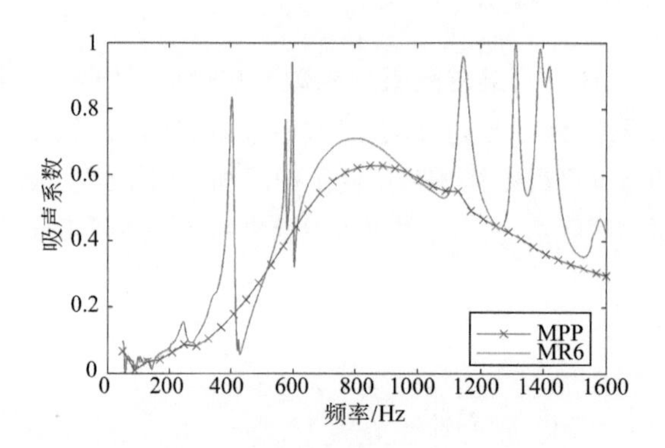

图 6-14 微穿孔板与 6 个质量块薄膜谐振单元复合结构的吸声系数

本小节主要研究了微穿孔板与薄膜谐振单元复合结构的吸声性能。通过阻抗管实验研究表明，薄膜谐振单元能通过引入局域共振改变单层微穿孔板结构的吸声性能；随着质量块数量的增加，吸声结构的共振频率向高频方向移动，吸声峰也随之增多。

6.1.3 复合板型谐振单元

薄膜谐振单元在实际使用中存在易损坏、易老化等问题，因此考虑用板型谐振单元。本小节将板型谐振单元置于微穿孔板结构的背腔中从而实现结构复合[7]，如图 6-15 所示。

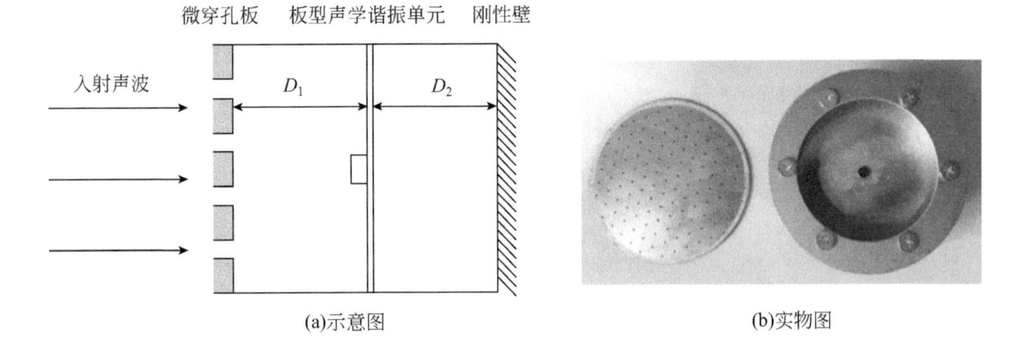

(a)示意图

(b)实物图

图 6-15　微穿孔板与板型谐振单元复合结构

采用传递矩阵法可计算微穿孔板与板型谐振单元复合结构的吸声系数，板型谐振单元的传递矩阵 $\boldsymbol{T}_{\mathrm{P}}$ 为：

$$\boldsymbol{T}_{\mathrm{P}}=\begin{bmatrix}1 & Z_{\mathrm{pam}}\\0 & 1\end{bmatrix} \tag{6-6}$$

式中，Z_{pam} 为板型谐振单元的声阻抗率：

$$Z_{\mathrm{pam}}=S\left[\sum_{n}\frac{\mathrm{i}\omega\left(\int\phi_n(x)\mathrm{d}S\right)^2}{M_n\left(\omega_n^2-\omega^2+2\mathrm{i}\zeta_n\omega_n\omega\right)}\right]^{-1} \tag{6-7}$$

式中，M_n、ω_n、ϕ_n和ζ_n分别是板型谐振单元的第 n 阶的模态质量、特征频率、模态振型和阻尼比。

微穿孔板和背腔的传递矩阵可参考第 2 章式（2-98）和式（2-95）计算得到，因此，复合结构的总传递矩阵 $\boldsymbol{T}$ 为

$$\boldsymbol{T}=\boldsymbol{T}_{\mathrm{MPP}}\boldsymbol{T}_{\mathrm{D1}}\boldsymbol{T}_{P}\boldsymbol{T}_{\mathrm{D2}} \tag{6-8}$$

考虑到板型谐振单元对边界条件极为敏感，实验样件采用夹紧装置，实现板型谐振单元边界的固定约束。夹紧装置由尺寸完全一致的上下两部分组成，通过螺栓与螺母的配合使用实现夹紧。作为对比，实验测试了单层微穿孔板、双层微穿孔板和板型谐振单元结构的吸声系数。其中单层微穿孔板结构的背腔厚度为 70mm；双层微穿孔板结构采用完全相同的微穿孔板替换了板型谐振单元结构，并安装在相同位置；单独板型谐振单元结构的背腔厚度为 15mm。具体结构参数如表 6-1 所示。采用阻抗管测量结构的吸声系数，测试频率范围为 200 ～ 900Hz。

表 6-1 微穿孔板与板型谐振单元的结构参数

微穿孔板		板型谐振单元		质量块	
厚度 /mm	0.8	厚度 /mm	0.26	高 /mm	2.2
穿孔率	1.4%	直径 /mm	94	直径 /mm	3.1
孔径 /mm	0.9	杨氏模量 /GPa	69	杨氏模量 /GPa	200
直径 /mm	99.8	泊松比	0.33	泊松比	0.29
—		密度 /（kg/m^3）	2700	密度 /（kg/m^3）	7870

单层微穿孔板、双层微穿孔板、板型谐振单元（PAM）和微穿孔板复合板型谐振单元（MPP-PAM）的相对声阻、相对声抗和吸声系数分别如图 6-16、图 6-17 和图 6-18 所示。由图可知，微穿孔板复合板型谐振单元的整体吸声性能，且其吸声系数曲线可由单层微穿孔板和板型谐振单元结构的吸声曲线叠加而成。微穿孔板复合板型谐振单元的吸声峰值为 0.972（453Hz）和 0.814（678Hz），单层微穿孔板结构的吸声峰值为 0.697（554Hz），双层微穿孔板结构的吸声峰值为 0.755（506Hz），板型谐振单元的吸声峰值为 0.707（458Hz）。微穿孔板复合板型谐振单元的吸声系数在 396 ～ 892Hz 频率范围内均大于 0.6。

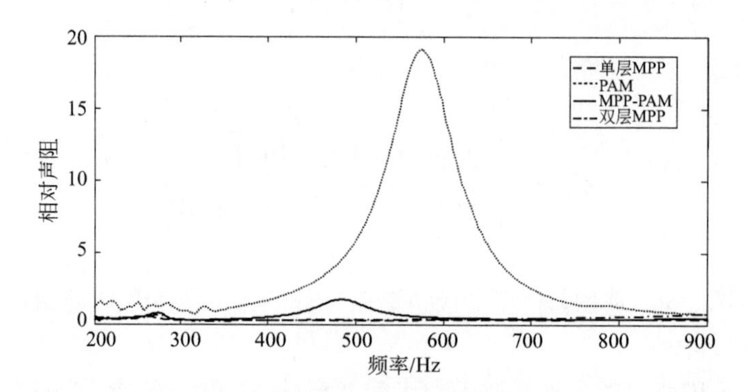

图 6-16 相对声阻结果对比

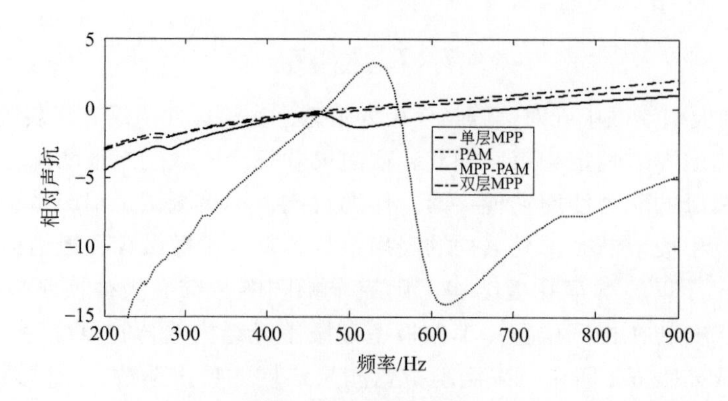

图 6-17 相对声抗结果对比

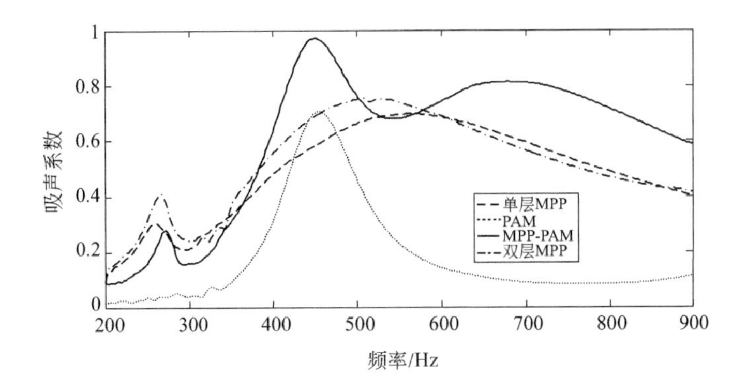

图 6-18　吸声系数结果对比

运用有限元仿真计算微穿孔板复合板型谐振单元和单层微穿孔板结构的吸声系数，结果如图 6-19 所示。从图中可知，单层微穿孔板结构的吸声系数仿真值和实测结果基本重合，其中实验结果在 260Hz 处出现的吸声峰是由实验中板共振作用导致的；仿真所得的微穿孔板复合板型谐振单元吸声系数曲线与实验结果的趋势基本一致。微穿孔板复合板型谐振单元仿真计算的吸声峰值分别为 0.973（458Hz）和 0.743（698Hz），与实测的吸声峰值相近，但在第一峰值附近仿真计算的带宽较窄，第二峰值附近仿真计算的吸声系数较低。

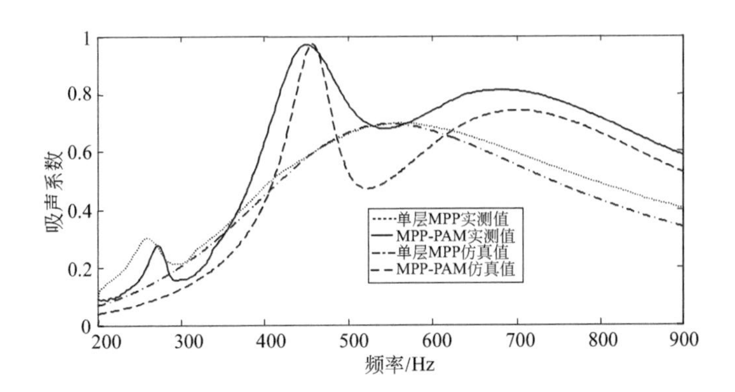

图 6-19　吸声系数仿真值与实测值结果对比

6.1.4　复合分流扬声器

当声压 p 施加到动圈扬声器振膜上，振膜带动音圈获得振速 u，音圈切割磁感线产生电磁感应发生电荷转移，在音圈与分流电阻抗间产生电流 i，从而完成声能到电能的转化。电流流经电阻抗，并发热耗散，进而完成电能到内能的转化。由声能到电能，再到内能，这一系列能量转化构成了分流扬声器的吸声原理[8]。

分流扬声器作为吸声结构，通常在较低频段具有不错的吸声性能，但其吸声带宽相对较窄。为了拓宽分流扬声器的吸声带宽，将穿孔膜结构与分流扬声器相结合，组成复合吸声结构，如图6-20所示，其中前端为穿孔膜，D_1为穿孔膜到动圈式扬声器前端的平均距离，D_2为动圈扬声器前端到背板刚性壁的平均距离。动圈扬声器后端接分流电路，其中R为可调电阻，L为可调电感，C为可调电容。

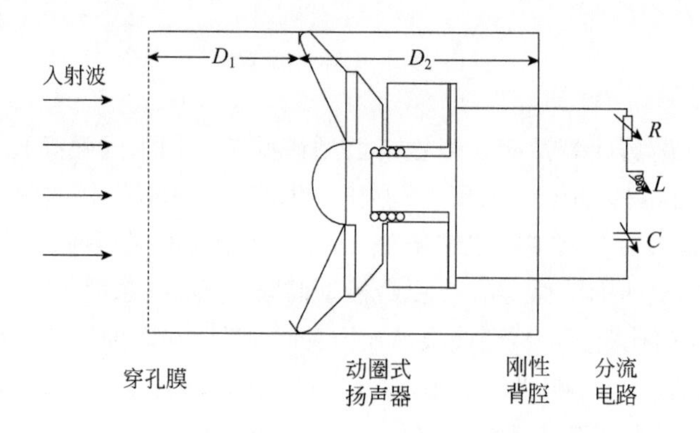

图6-20　穿孔膜与分流扬声器复合吸声结构示意图

（1）理论模型

采用传递矩阵法可以计算分流扬声器与穿孔膜复合吸声结构的吸声系数。穿孔膜结构的传递矩阵可以写成

$$\boldsymbol{T}_{\mathrm{S}}=\begin{bmatrix}1 & Z_{\mathrm{s}}\\0 & 1\end{bmatrix} \tag{6-9}$$

式中，Z_s为穿孔膜的声阻抗率，可由孔的声阻抗率Z_p与膜的声阻抗率Z_m并联得到，$Z_s=Z_pZ_m/(Z_p+Z_m)$。

孔的声阻抗率Z_p可以参考2.4节计算得到。对于安装在距刚性壁一定距离的无张力的膜，它的声阻抗率Z_m为

$$Z_{\mathrm{m}}=R_{\mathrm{M}}+\mathrm{i}\omega M_{\mathrm{M}} \tag{6-10}$$

式中，R_M为膜的声阻率，主要取决于安装条件；M_M为膜的面密度。

分流扬声器结构的传递矩阵$\boldsymbol{T}_{\mathrm{N}}$为

$$\boldsymbol{T}_{\mathrm{N}}=\begin{bmatrix}1 & Z_{\mathrm{SL}}\\0 & 1\end{bmatrix} \tag{6-11}$$

式中，Z_{SL} 为分流扬声器结构的声阻抗率[9]：

$$Z_{SL}=\frac{R_{ms}}{S_0}+j\omega\frac{M_{ms}}{S_0}S+\frac{C_{ms}+C_{ac}}{j\omega C_{ms}C_{ac}}S_0+\frac{B^2l^2}{S_0\left(R_E+j\omega L_E+Z_E\right)} \tag{6-12}$$

式中，R_{ms}、M_{ms}、C_{ms}、S_0、C_{ac} 分别为分流扬声器背腔的等效力阻、等效质量、等效力顺、有效面积和等效声容；$C_{ac}=V/(\rho_0c_0)$，V 为分流扬声器背腔的有效体积；R_E 和 L_E 分别为分流扬声器的直流电阻和直流电感；Z_E 为电路阻抗，$Z_E=R_E+i\omega L_E+1/i\omega C_E$。

空气背腔的传递矩阵 $\boldsymbol{T}_D$ 可以参考式（2-95）计算得到。因此穿孔膜与分流扬声器复合结构的总传递矩阵为

$$\boldsymbol{T}=\boldsymbol{T}_S\boldsymbol{T}_{D_1}\boldsymbol{T}_N\boldsymbol{T}_{D_2} \tag{6-13}$$

（2）数值仿真

针对某款动圈式扬声器，利用 Klippel R&D 系统测得其 Thiele-Small 参数（T/S 参数）。该参数可用于分析扬声器喇叭低频性能，具体如表 6-2 所示。

表 6-2　扬声器 Thiele-Small 参数

参数	符号	T/S	单位
直流电阻	R_E	6.83	Ω
音圈电感	L_E	0.232	mH
等效质量	M_{ms}	3.347	g
等效力阻	R_{ms}	0.469	kg/s
等效力顺	C_{ms}	0.569	mm/N
力电耦合因数	Bl	3.658	T·m
有效面积	S_0	3.117×10^{-2}	m^2

穿孔膜的厚度为 0.2mm，穿孔直径为 0.2mm，穿孔率为 0.256%，孔型为圆孔。首先分别对穿孔膜、分流扬声器及复合结构的吸声性能进行数值仿真，结果如图 6-21 所示。可以看出，当扬声器单独工作时，其在 158 ～ 222Hz 频率范围内吸声系数大于 0.5，带宽约为 0.5 个倍频带；当穿孔膜单独工作时，其吸声系数在 220 ～ 630Hz 频率范围内大于 0.5，带宽约为 1.5 个倍频带。对于穿孔膜与分流扬声器同时作用的复合结构的吸声曲线峰值在 395Hz 时达到了 0.99，其吸声系数在 120 ～ 650Hz 频率范围内均大于 0.5，带宽约为 2.5 个倍频带。因此，增加穿孔膜后，吸声带宽明显拓展。

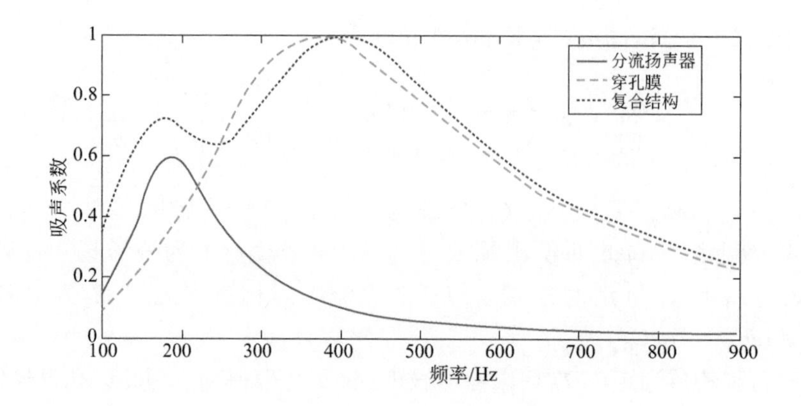

图 6-21　吸声系数仿真结果对比

（3）实验研究

穿孔膜与分流扬声器复合结构由前端穿孔膜和后端分流扬声器两部分构成，前后两端孔径相同，其中穿孔膜张紧粘贴在亚克力背腔前端，分流扬声器通过螺栓和螺母紧固在亚克力背腔前端，将穿孔膜与分流扬声器紧密贴合，背腔后端安装刚性壁。实验装置如图 6-22 所示，几何参数与前述数值仿真部分一致。背腔 D_1、D_2 深度均设置为 90mm。作为对比，实验测试了穿孔膜和分流扬声器独立工作时的吸声性能，其余结构参数完全相同。

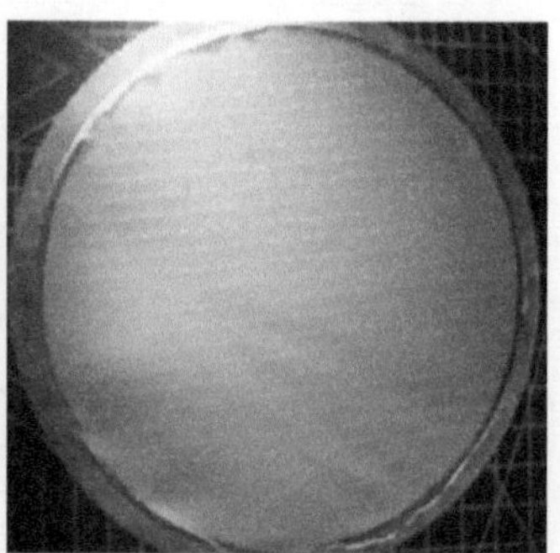

图 6-22　结构实物图

由图 6-23 可知，穿孔膜单独工作时的低频段相对声阻较小，分流扬声器在 300 ～ 900Hz 频率范围内相对声阻较大，而复合吸声结构在全频段的相对声阻稳定维持在 1.0 左右。由图 6-24 可知，复合吸声结构的相对声抗在低频段有所提升，更接近于零，且当频率为 371Hz 时，相对声抗为零，吸声达到峰值。由图 6-25 可知，穿孔膜与分流扬声器复合结构的吸声带宽得到明显拓展。相比于穿孔膜单独吸声结构，复合结构在 200Hz 以下频段的吸声性能得到明显提升。复合结构的吸声峰值在 366Hz 处为 0.99，其吸声系数在 134 ～ 678Hz 范围内均大于 0.5，带宽约为 2.4 个倍频带。而对于 D_1 为 90mm 的穿孔膜单独结构，其吸声系数在 258 ～ 614Hz 范围内大于 0.5，其带宽约为 1.3 个倍频带。

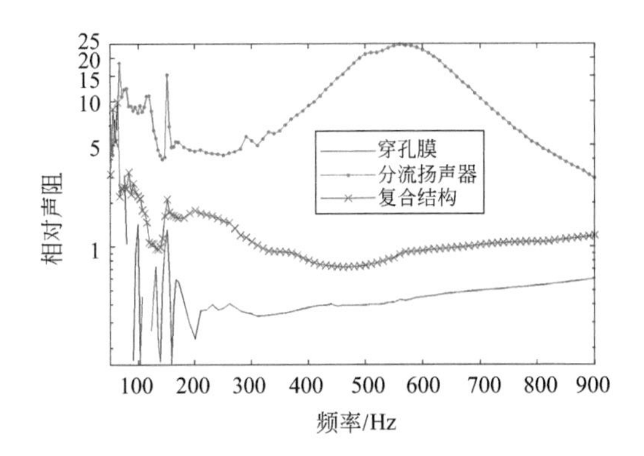

图 6-23　相对声阻实测结果对比

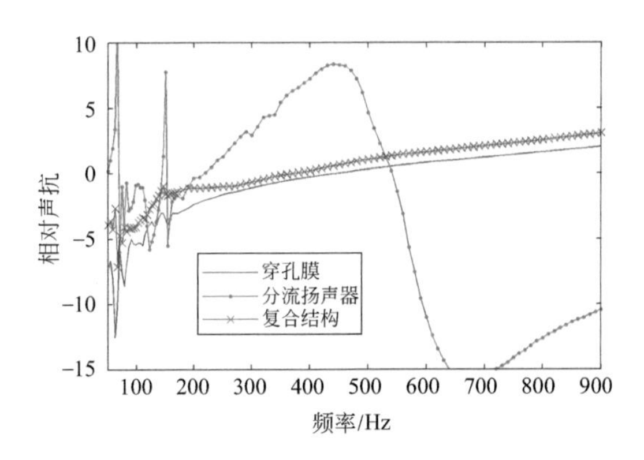

图 6-24　相对声抗实测结果对比

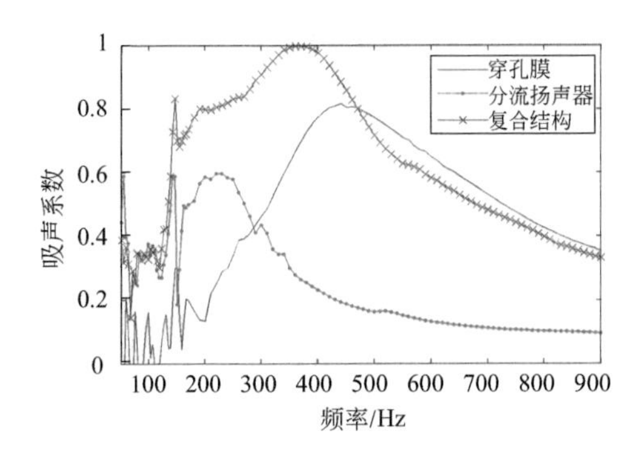

图 6-25　吸声系数实测结果对比

6.2 纺织吸声材料

6.2.1 机织物吸声材料

对于人居环境中的声学设计，软装修装饰物起到很重要的作用。常见的软装修、软装饰物主要包括窗帘、挂毯、地毯、床上用品等。其中，帘幕具有轻薄、易装卸的特点，相较于其他多孔材料，其复杂多变的形态更适于用来调节室内的混响时间。通常来说，纺织品需要有足够的厚度和密度才能具有良好的吸声效果，目前应用于吸声窗帘的纺织材料多为天鹅绒等厚重的复合结构织物。虽然这些材料有较好的吸声效果，但克重过大且造价较高，安装和运输都较复杂。近年来，一种新型的轻质薄层的机织物材料开始应用于吸声窗帘中。这种材料不仅造价低廉，而且易于运输和安装，具有广阔的应用前景。因此，对这种新型机织物材料吸声性能越来越受到人们的关注。

对机织物声阻抗率的预测，一般采用静态流阻并联质量抗的方式，Pieren 等 [10, 11] 通过将织物纱线间流阻、纱线内部流阻和质量抗并联计算得到单层织物的声阻抗率。但是这种方法不利于揭示微观结构对吸声性能的影响，难以指导机织物的优化设计。针对这一问题，Cai 等 [12] 提出了能够通过机织物微观几何结构预测其吸声性能的经验公式，并对机织物材料进行吸声优化设计。

图 6-26 显示了所采用的机织物几何结构的截面图，其中，d 表示单丝丝径，L 表示丝径间距。为简化建模问题，引入参数 p_w 和 f_w，其中 p_w 为丝径与丝间距之比，f_w 为机织物飞数。

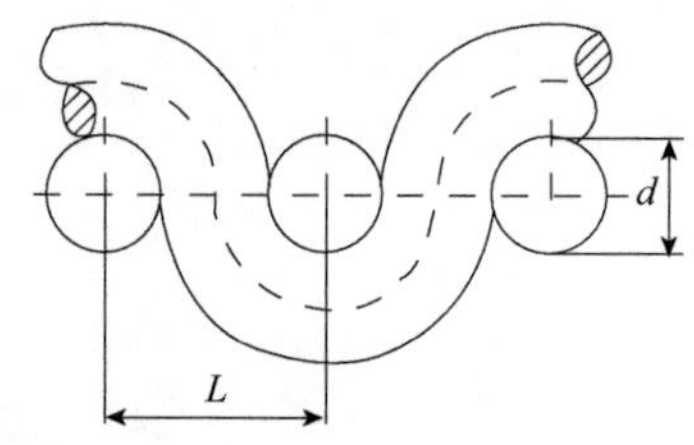

图 6-26　机织物几何结构截面图

基于 2.5.2 节介绍的等效流体法，借助三维有限元仿真，结合多元回归法建立了机织物声阻抗率预测模型。通过机织物微观几何参数计算出材料的曲折因子 α_∞、穿孔率 ϕ、热特征长度 Λ'、黏性特征长度 Λ 和静态流阻 R_f，如下所示：

$$\alpha_\infty = 1 + A \tag{6-14}$$

$$\phi = \left(\frac{L}{d+L}\right)^2 B \frac{f_w}{p_w} \tag{6-15}$$

$$\Lambda' = \frac{(d+L)^2 - (d+L)\pi d/2 + 2d^2/3}{\pi(d+L) - 2d} C \frac{f_w}{p_w} \tag{6-16}$$

$$\Lambda = \begin{cases} 0.53\Lambda', & f_w = 1 \\ 0.56\Lambda', & f_w = 2 \\ 0.59\Lambda', & f_w = 3 \end{cases} \tag{6-17}$$

$$R_f = \frac{8\eta\alpha_\infty}{\Lambda^2\phi} D \frac{p_w}{f_w} \tag{6-18}$$

其中，A、B、C和D取值如下：

$$A=\begin{cases}0.3p_w, & f_w=1\\ 0.3p_w-0.04, & f_w=2\\ 0.3p_w+0.06, & f_w=3\end{cases}, B=\begin{cases}0.9p_w+1.8p_w^2, & f_w=1\\ 0.4p_w+p_w^2, & f_w=2\\ 0.39p_w+0.54p_w^2, & f_w=3\end{cases}$$

$$C=\begin{cases}3.9p_w-p_w^2, & f_w=1\\ 1.9p_w-0.18p_w^2, & f_w=2\\ 1.26p_w-0.056p_w^2, & f_w=3\end{cases}, D=\begin{cases}14.5p_w-29p_w^2+15.3p_w^3, & f_w=1\\ 22.5-40p_w^2+19p_w^3, & f_w=2\\ 35p_w-60.7p_w^2+28.2p_w^3, & f_w=3\end{cases}$$

将机织物微观几何参数代入上述模型中，可以根据式（2-88）和式（2-91）获得机织物复等效密度和复等效弹性模量，之后通过转移矩阵法获得机织物的吸声系数。

利用上述经验模型，对 4 种实验样品进行计算（几何参数如表 6-3 所示），可以获得其对应等效流体模型所需的 5 个参数（表 6-4），用等效流体模型计算材料的吸声系数，并与阻抗管实验结果进行对比，如图 6-27 所示。可以看出，预测值与实测值基本一致，验证了预测模型的有效性。

表 6-3　4 种实验样品几何参数

参数	样品 1	样品 2	样品 3	样品 4
d /μm	35	100	25	40
L /μm	35	200	25	45
f_w	1	1	2	3
p_w	1	0.5	1	0.89

表 6-4　4 种实验样品对应的 5 个参数

参数	样品 1	样品 2	样品 3	样品 4
ϕ	67.5%	80%	70%	73%
Λ/μm	19	120	17	34
Λ'/μm	36	226	31	57
α_∞	1.3	1.15	1.26	1.2
R_f /（N·s/m^4）	618166	13995	675803	174274

基于上述预测模型对机织物吸声性能进行优化，研制出了具有良好吸声效果的新型机织物材料 A（克重 110g/m^2），材料实物图如图 6-28 所示，其法向和无规入射吸声系数如图 6-29 和图 6-30 所示。

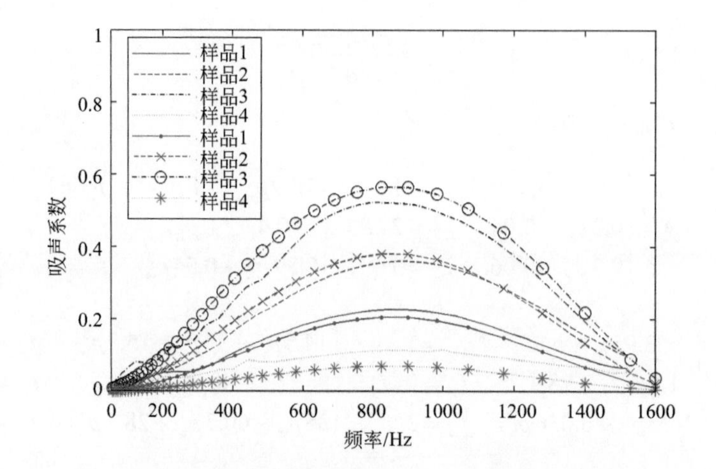

图 6-27　经验模型计算结果与实验结果进行对比（机织物背靠 100mm 空气腔）
无符号标记的线为实验结果，有符号标记的线为经验模型计算结果

图 6-28　新型机织物材料 A

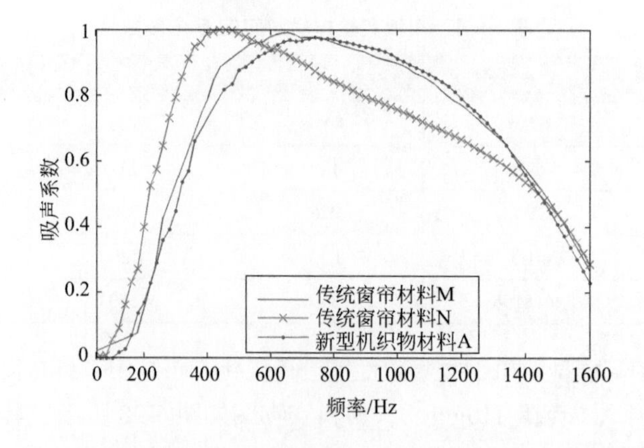

图 6-29　法向吸声系数对比（背腔深度 100mm）

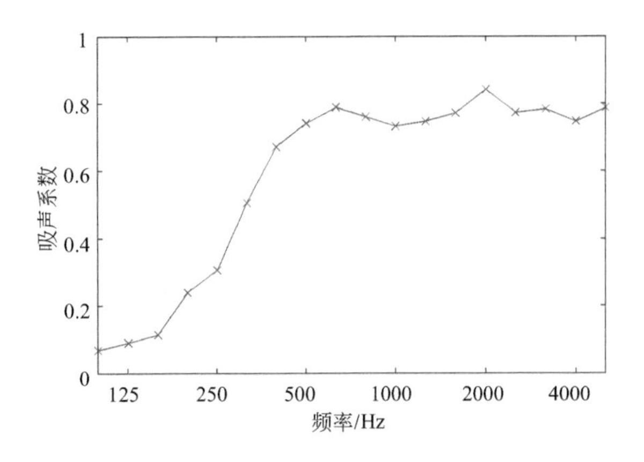

图 6-30　无规入射吸声系数

选取市面上两种常见的窗帘材料 M 和 N（克重分别为 229g/m^2 和 240g/m^2），阻抗管实测数据与新型机织物材料 A 的吸声系数做对比，由图 6-29 可看出三种材料具有相似的吸声效果。

与传统厚重吸声帘幕材料相比，新型机织物材料不仅重量轻，成本低，而且具有相当的吸声效果，可用于家居、教室、会议室和医院等多种人居环境的软装修设计中，并可根据用户需求提供多样化的设计方案。

6.2.2　无纺吸声材料

和机织物类似，无纺布材料也具有薄层多孔的特点。本节讨论一种利用 PP 材料通过纺粘工艺开发的无纺布吸声材料，该材料厚度为 0.1mm，面密度为 140g/m^2，实物如图 6-31 所示。图 6-32 展示了无纺布实验样品和其微观结构，通过对其阻抗

图 6-31　无纺布吸声材料

管实测数据拟合发现，该材料与穿孔直径为 0.08mm、穿孔率为 5.6% 的微穿孔板吸声性能相当，如图 6-33 所示。

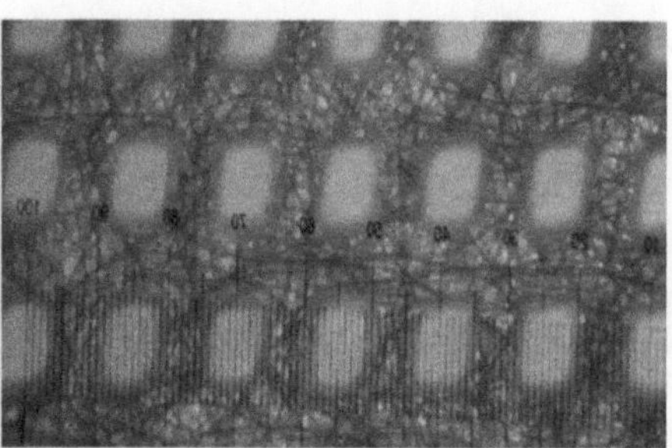

图 6-32　无纺布实验样品和其微观结构

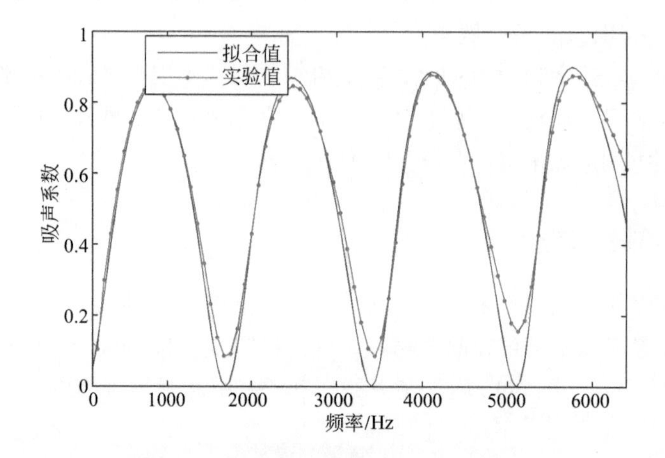

图 6-33　无纺布材料的理论和实验吸声性能

利用无纺布材料柔软易加工的特性，将其制备成中空圆柱型、扇叶型和蜂窝型三种空间吸声体，如图 6-34 所示。三种空间吸声体均为整体高度 40cm、半径 30cm 的圆柱。通过混响室实验对其吸声性能进行测试，现场测试情况如图 6-35 所示。图 6-36 给出了中空圆柱型空间吸声体的等效吸声量。可以看出，当频率大于 260Hz 后，圆柱型空间吸声体的吸声量约为 $0.6m^2$。图 6-37 给出了扇叶型空间吸声体及在其上增加表面包覆层的等效吸声量。可以看出，加包覆层后，扇叶型空间吸声体的吸声性能有了明显提高。当频率大于 260Hz 后，加包覆层的扇叶型空间吸声体的吸声量约为 $0.7m^2$。图 6-38 给出了蜂窝型空间吸声体及在其上增加表面包覆层的等效吸声量。由于蜂窝结构的特殊性，在相同的体积空间下，明显增加了吸声材料，所以在频率大于 260Hz 后，蜂窝型空间吸声体的等效吸声量基本都超过了 $1m^2$。

图 6-34　中空圆柱型、扇叶型和蜂窝型空间吸声体

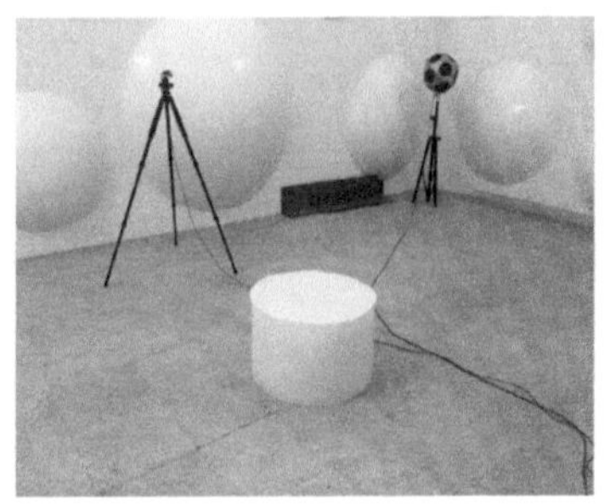

图 6-35　蜂窝型空间吸声体和在其上增加表面包覆层的混响室实验

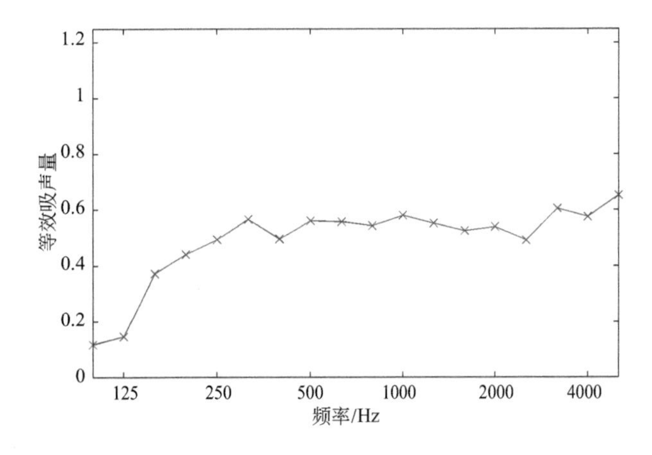

图 6-36　中空圆柱型空间吸声体的等效吸声量

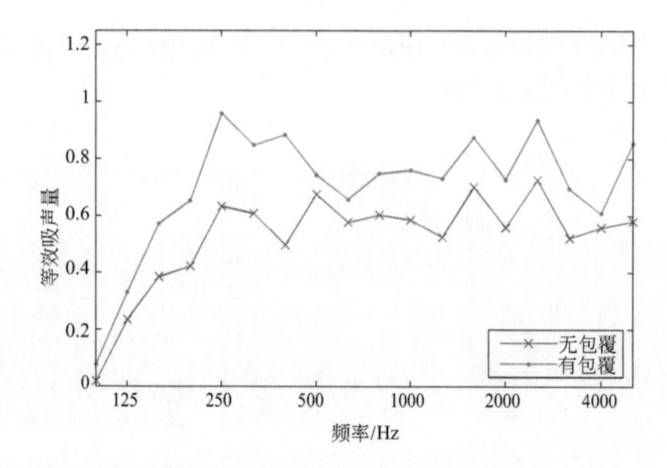

图 6-37　扇叶型空间吸声体和在其上增加表面包覆层的等效吸声量

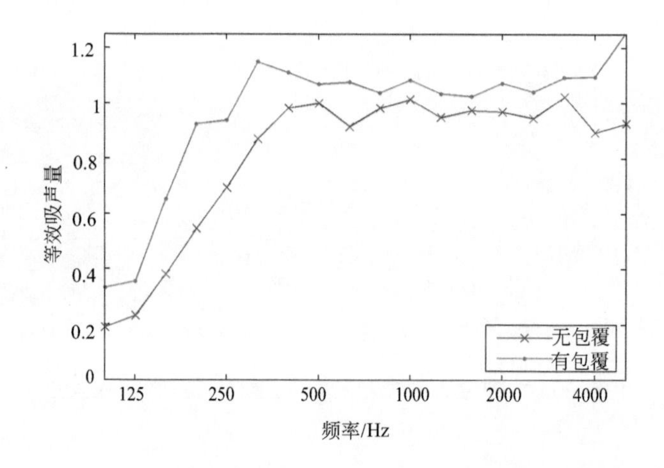

图 6-38　蜂窝型空间吸声体和在其上增加表面包覆层的等效吸声量

6.3　微孔软膜吸声结构

人们对高品质室内声环境的追求不断驱动着建筑材料、声学设计等领域的发展。空间吸声体作为室内噪声控制或音质改善的有效措施之一，引起了研究人员的广泛关注。将吸声材料或结构分散地悬挂或放置在室内空间便是空间吸声体，其面层主要为多孔吸声材料和微穿孔板 / 膜材料。空间吸声体能够扩大有效吸声面积，具有良好的吸声性能，同时还有很好的装饰效果，因而被广泛用于会议厅、车站站房、体育场馆等对声场环境要求较高的场所。通过对空间吸声体的表面材料、空间结构、安装位置优化配置，能很好地实现空间吸声体的声学功能。此外，空间吸声体的设计还需兼顾室内照明、空间造型、文化背景等因素，这对空间吸声体的材料选择和结构设计提出了更高的要求。为设计实现一种兼具声学性能与装饰效果的空间吸声体结构，研究人员针对微孔软膜空间吸声体开展了系统的研究。下面详细介绍空间吸声体的理论、工艺及结构设计等研究成果与应用案例。

6.3.1 理论建模

与平面构型吸声结构的研究相比，空间吸声体的理论研究稍显落后。盛胜我 [13] 于 1984 年分析了扩散声场中的空间吸声板在无规入射条件下的声学性能，随后盛胜我等 [14] 开展了微穿孔平板空间吸声体的吸声特性理论研究，并提出平板空间吸声体的半厚度模型，如图 6-39 所示。该理论假定任一给定结构的特性相当于一个四端网络，进而得出在刚性背面条件下无规入射吸声系数和在自由背面条件下无规入射吸声系数，两者的平均值即为微穿孔平板空间吸声体的无规入射吸声系数。

Toyoda 等 [15,16] 和 Sakagami 等 [17] 研究了圆柱形和方柱形微穿孔板空间吸声体（图 6-40），结果表明两种空间吸声体与双层微孔板具有相似的吸声性能。在此基础上提出了微穿孔板空间吸声体二维边界元模型，模型简图如图 6-41 所示，并采用能量耗散率表征圆柱形和方柱形微穿孔板空间吸声体的吸声性能。

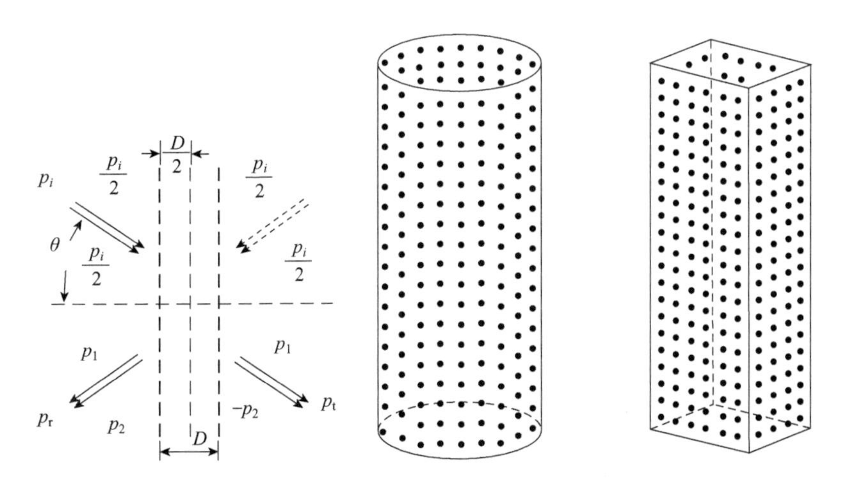

图 6-39　平板空间吸声体半厚度模型简图

图 6-40　微孔板空间吸声体

两种构型微孔板空间吸声体的吸声系数可表示为

$$\alpha-\tau=\frac{W_{\mathrm{a}}(\theta)}{W_{\mathrm{in}}(\theta)}=\frac{\pi}{l_1}\sum_{j=1}^{N}\mathrm{Re}\{A_j\}\left|\varphi_j\right|^2\Delta L_j,\ \text{圆柱} \tag{6-19}$$

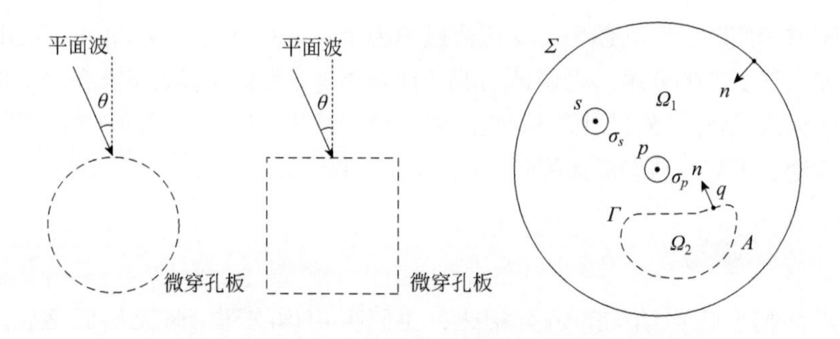

图 6-41　基于边界元积分方程的二维模型简图

$$\alpha-\tau=\frac{\int_0^{\pi/4}W_{\mathrm{a}}(\theta)\mathrm{d}\theta}{\int_0^{\pi/4}W_{\mathrm{in}}(\theta)\mathrm{d}\theta}=\frac{\int_0^{\pi/4}\sum_{j=1}^{N}\mathrm{Re}\{A_j\}\left|\varphi_j\right|^2\Delta L_j\mathrm{d}\theta}{l_2\int_0^{\pi/4}(\cos\theta+\sin\theta)\mathrm{d}\theta}\text{，方柱}\tag{6-20}$$

式中，θ 为平面波的入射角度；W_{a} 为总耗散能量；W_{in} 为总入射能量；l_1 为圆柱截面周长；l_2 为方柱截面边长；A_j 为传递导纳比；φ_j 为运动势；ΔL_j为第 j 元素的长度，下标 j 表示单元标号。

由于二维边界元模型过于简化，导致预测结果与实测值偏差较大。Toyoda 等 [16] 将空间吸声体在高度方向进行镜像（图 6-42），进一步分析了落地放置的空间吸声体的性能，并利用三维边界元模型计算了微孔薄膜空间吸声体的吸声系数。

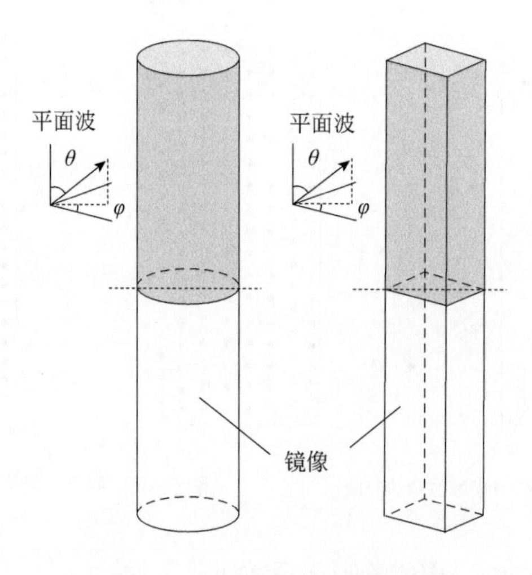

图 6-42　镜像分析的二维模型简图

对应的空间吸声体的吸声系数可表示为

$$\alpha-\tau=\frac{1}{S}\times\frac{\int_0^{80}W_{\mathrm{a}}(\theta,0)\sin\theta\mathrm{d}\theta}{\int_0^{80}W_{\mathrm{in}}(\theta,0)\sin\theta\mathrm{d}\theta}，圆柱 \tag{6-21}$$

$$\alpha-\tau=\frac{1}{S}\times\frac{\int_0^{80}\int_0^{45}W_{\mathrm{a}}(\theta,\varphi)\sin\theta\mathrm{d}\varphi\mathrm{d}\theta}{\int_0^{80}\int_0^{45}W_{\mathrm{in}}(\theta,\varphi)\sin\theta\mathrm{d}\varphi\mathrm{d}\theta}，方柱 \tag{6-22}$$

式中，θ和φ给出了平面波的入射角度；$W_{\mathrm{a}}(\theta,0)$为圆柱形空间吸声体的耗散能量；$W_{\mathrm{in}}(\theta,0)$为圆柱形空间吸声体的入射能量；$W_{\mathrm{a}}(\theta,\varphi)$为方柱空间吸声体的耗散能量；$W_{\mathrm{in}}(\theta,\varphi)$为矩形空间吸声体的入射能量。

Toyoda 等[18]还研究了内部填充多孔材料的三维空间吸声体，通过调节内芯直径来改变吸声体的共振频率，提高空间吸声体的吸声性能。

由于上述模型给出的吸声系数计算公式含有对所有入射角的积分，计算量大，较难用于一般构型空间吸声体的吸声性能预测。李贤徽等[19]在微孔软膜天花材料研究的基础上，提出了适用于任意构型的空间吸声体的理论模型，为空间吸声体的设计提供了理论基础。

如图 6-43 所示，任意构型的微穿孔软膜空间吸声体可分为微孔面层、内部声腔和外部声场三部分。分别利用有限元和边界元方法对各部分进行建模，然后利用阻抗连接条件将三部分耦合起来。

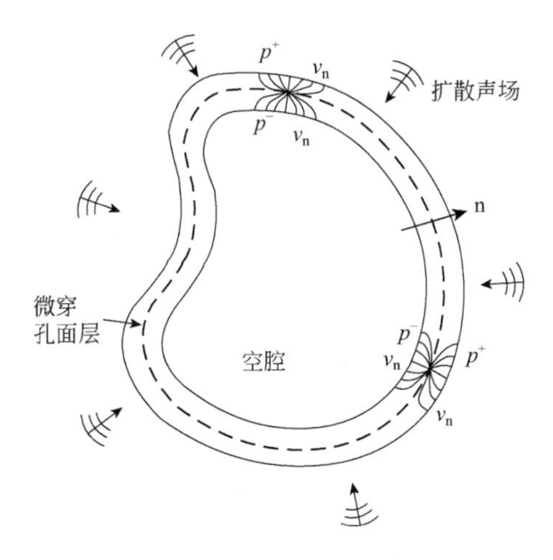

图 6-43　三维空间吸声体模型简图

空间吸声体内部声腔有限元模型可表示为

$$\left[\boldsymbol{H}-\omega^2\boldsymbol{Q}\right]\boldsymbol{p}^-=-\mathrm{i}\omega\boldsymbol{A}\boldsymbol{v}_\mathrm{n} \tag{6-23}$$

式中，$\boldsymbol{p}^-$为声腔内表面的节点压力矢量；$\boldsymbol{v}_\mathrm{n}$为节点法向速度矢量。

$$\begin{cases}\boldsymbol{H}=\int_V\dfrac{1}{\rho_0}\nabla\boldsymbol{N}\nabla\boldsymbol{N}^\mathrm{T}\mathrm{d}V\\ \boldsymbol{Q}=\int_V\dfrac{1}{\rho_0c_0^2}\boldsymbol{N}\boldsymbol{N}^\mathrm{T}\mathrm{d}V\\ \boldsymbol{A}=\int_S\boldsymbol{N}\boldsymbol{N}_\mathrm{S}{}^\mathrm{T}\mathrm{d}S\end{cases} \tag{6-24}$$

式中，$\boldsymbol{N}$表示声腔形函数；$\boldsymbol{N}_\mathrm{S}$表示面层形函数。

空间吸声体微孔面层的阻抗模型可表示为

$$Z_\mathrm{MPM}=\frac{p^--p^+}{v_\mathrm{n}}=\frac{1}{\left(Z_\mathrm{h}/\phi\right)^{-1}+\left(\mathrm{i}\omega\rho_\mathrm{s}\right)^{-1}} \tag{6-25}$$

式中，p^-和p^+为面层内外表面压力；v_n为穿过面层的法向速度；Z_h为微孔的阻抗；ϕ为穿孔率；ρ_s为微孔面层的面密度。

可以看出，空间吸声体面层的声阻抗是由微孔自身的阻抗和面层声质量并联而成。

式（6-25）可用矩阵形式表示为

$$\begin{cases}\boldsymbol{A}^\mathrm{T}\boldsymbol{p}^-=\boldsymbol{B}\boldsymbol{p}^++\boldsymbol{Z}_\mathrm{MPM}\boldsymbol{B}\boldsymbol{v}_\mathrm{n}\\ \boldsymbol{B}=\int_S\boldsymbol{N}_\mathrm{S}\boldsymbol{N}_\mathrm{S}{}^\mathrm{T}\mathrm{d}S\end{cases} \tag{6-26}$$

对于空间吸声体的外部空间成立

$$\begin{cases}\boldsymbol{p}^+=\boldsymbol{p}_\mathrm{rev}+\boldsymbol{p}_\mathrm{rad}\\ \boldsymbol{p}_\mathrm{rad}=\boldsymbol{Z}_\mathrm{rad}\boldsymbol{v}_\mathrm{n}\end{cases} \tag{6-27}$$

式中，$\boldsymbol{p}_\mathrm{rev}$表示扩散声场在空间吸声体表面造成的受挡声压；$\boldsymbol{p}_\mathrm{rad}$表示辐射声压。

由式（6-23）、式（6-26）和式（6-27）可以得出耦合阻抗模型为

$$\boldsymbol{Z}_\mathrm{tot}\boldsymbol{v}_\mathrm{n}=\left[\boldsymbol{Z}_\mathrm{cav}+\boldsymbol{Z}_\mathrm{MPM}\boldsymbol{B}+\boldsymbol{B}\boldsymbol{Z}_\mathrm{rad}\right]\boldsymbol{v}_\mathrm{n}=-\boldsymbol{B}\boldsymbol{p}_\mathrm{rev} \tag{6-28}$$

其中，$\boldsymbol{Z}_\mathrm{cav}=\mathrm{i}\omega\boldsymbol{A}^\mathrm{T}\left[\boldsymbol{H}-\omega^2\boldsymbol{Q}\right]^{-1}\boldsymbol{A}$。

根据混响场互易关系[20]，得到混响载荷互谱阵为

$$\boldsymbol{S}_\mathrm{rev}=\boldsymbol{B}\langle\boldsymbol{P}_\mathrm{rev}\boldsymbol{P}_\mathrm{rev}^{-1}\rangle\boldsymbol{B}^{-1}=\langle\overline{p}^2\rangle\frac{8\pi c_0}{\rho_0\omega^2}\mathrm{Re}(\boldsymbol{B}\boldsymbol{Z}_\mathrm{rad}) \tag{6-29}$$

其中，$\langle\overline{p}^2\rangle$为混响场均方声压。

联立式（6-28）和式（6-29），可以得到空间吸声体的耗散功率为

$$P_\mathrm{diss}=\frac{1}{2}\boldsymbol{v}_\mathrm{n}^\mathrm{H}\mathrm{Re}\left(\boldsymbol{Z}_\mathrm{MPM}\boldsymbol{B}\right)\boldsymbol{v}_\mathrm{n}=\frac{4\pi c_0}{\rho_0\omega^2}\left\langle\overline{p}^2\right\rangle\mathrm{Tr}\left[\mathrm{Re}\left(\boldsymbol{Z}_\mathrm{MPM}\boldsymbol{B}\right)\boldsymbol{Z}_\mathrm{tot}^{-1}\mathrm{Re}\left(\boldsymbol{B}\boldsymbol{Z}_\mathrm{rad}\right)\boldsymbol{Z}_\mathrm{tot}^{-H}\right] \tag{6-30}$$

式中，Tr 表示矩阵的迹。

再由混响场的入射声强$I = \left\langle \overline{p}^2 \right\rangle / (4\rho_0 c_0)$，可推出适用于任何构型空间吸声体的吸声量计算公式：

$$S_{\text{abs}} = \frac{P_{\text{diss}}}{I} = \frac{4\lambda^2}{\pi} \text{Tr}\left[\text{Re}\left(\boldsymbol{Z}_{\text{MPM}} \boldsymbol{B} \right) \boldsymbol{Z}_{\text{tot}}^{-1} \text{Re}\left(\boldsymbol{B} \boldsymbol{Z}_{\text{rad}} \right) \boldsymbol{Z}_{\text{tot}}^{-H} \right] \tag{6-31}$$

为验证式（6-31）的有效性，对横截面周长为 1m，长度分别为 0.318m、1m 的不同圆柱形吸声体的吸声量进行数值计算，吸声体上下端口均做加盖设计，构成封闭的内部声腔。同时，采用孔径为 0.5mm、厚度为 0.5mm、穿孔率为 0.785%、面密度为 0.6kg/m^2 的微孔薄膜作为吸声体的面层材料。空间吸声体网格模型如图 6-44 所示，计算工况包含悬挂与置于地面两种。

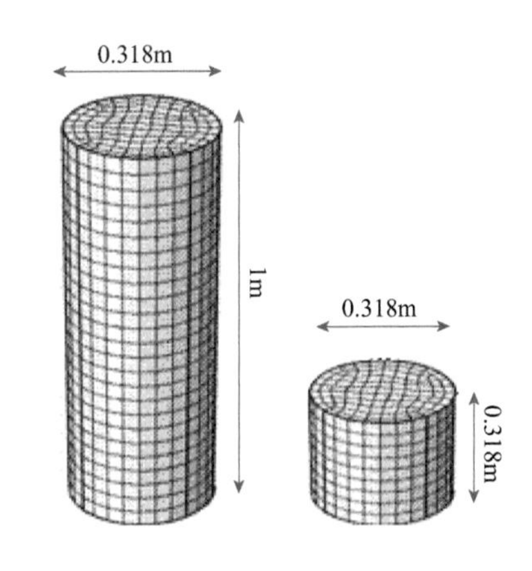

图 6-44　空间吸声体网格模型

首先，针对长圆柱吸声体使用新提出的耦合阻抗模型进行分析，并用式（6-31）计算出其等效吸声量。作为对比，使用 Toyoda 等提出的二维边界元模型对其分析计算。由图 6-45 可知，二维模型无法有效区分两种安装形式的不同，而新模型可以很好地预测悬挂设置与置于地面时空间吸声体吸声性能的变化，并与实验数据更接近 [15]，尤其是针对有地面影响的情况下，新模型大幅提升了对空间吸声体吸声量的预测精度。

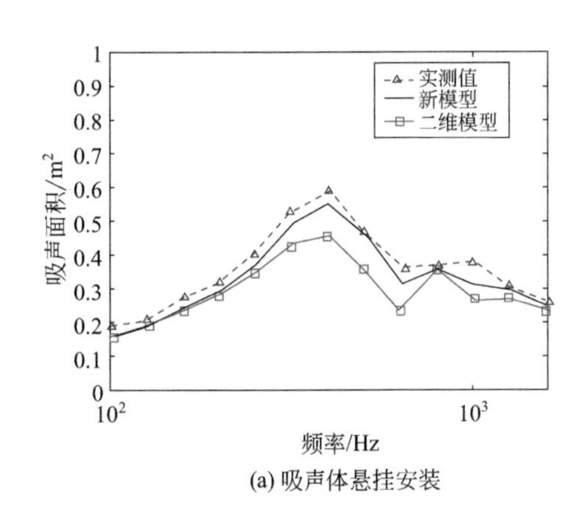

(a) 吸声体悬挂安装

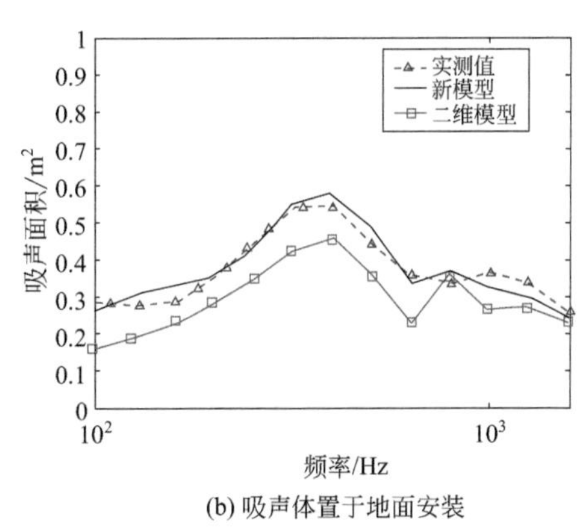

(b) 吸声体置于地面安装

图 6-45　长圆柱吸声体模型预测及实验结果对比

其次，针对图 6-44 中两种不同长度的吸声体，开展长、短吸声体新模型与二维模型的对比分析，如图 6-46 所示。不难看出，短吸声体有更高的吸声系数和更低的吸声峰值频率，二维模型对于短吸声体吸声量的预测存在更大的预测偏差。

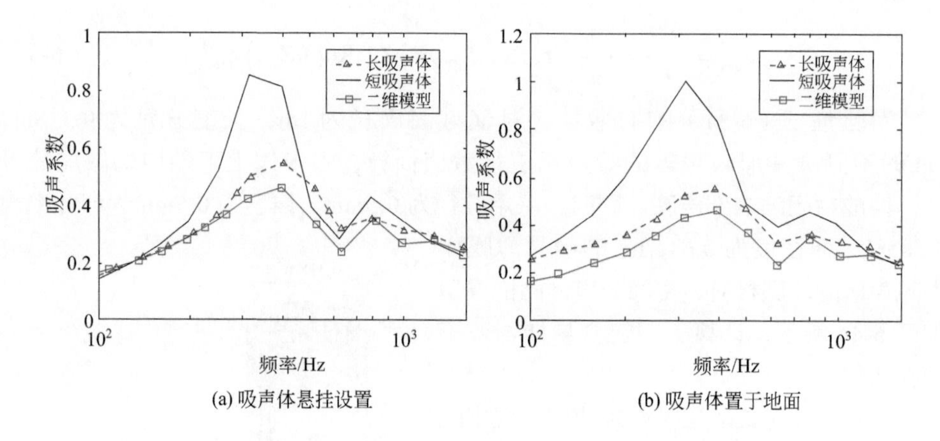

图 6-46 长、短圆柱吸声体新模型及二维模型预测结果对比

6.3.2 案例

微孔软膜吸声体结构设计主要针对面层材料和腔体构型展开。结合现有的薄膜穿孔工艺，研发出一种适用于软膜材质的微孔加工工艺，能实现较好的穿孔效果，而且材料背面平整度较高，孔形及大小不会随着时间的推移发生变化。图 6-47 显示了一种兼具声学功能和装饰效果的微孔软膜材料。

图 6-47 微孔软膜材料实物图

由于软膜材料质地轻薄，在声波作用下易于产生较大的振动，因此在对面层材料设计时，除了考虑微孔本身阻抗外，还要额外考虑薄膜本身质量抗的影响。

图 6-48 给出了背腔为 50mm 时，某款软膜穿孔前后的吸声系数。

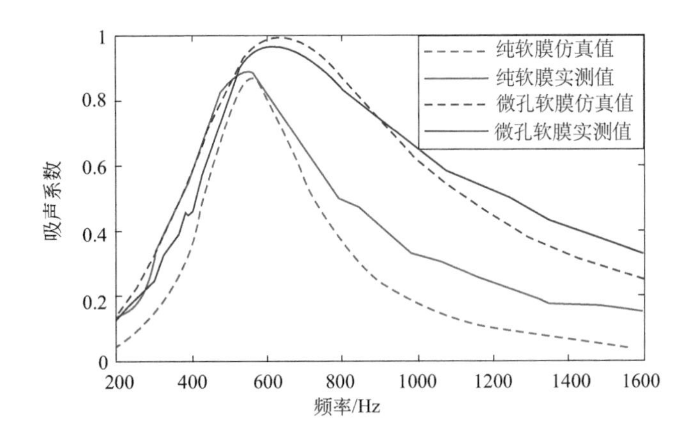

图 6-48　纯软膜与微孔软膜吸声结构吸声系数对比

不难看出，穿孔后的软膜材料吸声性能明显提升，而且前述建模方法可以准确预测吸声性能的变化。

此外，研究人员还开展了双层微孔软膜吸声结构、微孔膜复合活性炭结构、微孔膜复合蜂窝结构等（图 6-49）的实验研究。研究表明，单层微孔软膜与活性炭复合可使结构的共振频率向低频移动，双层微孔软膜之间复合活性炭可拓宽双层微孔软膜结构吸声频带，为活性炭复合微孔板 / 膜结构的实际应用提供依据 [21]。同时，在不影响微孔软膜吸声性能的前提下，微孔膜复合蜂窝结构中的蜂窝为微孔软膜提供了背腔支撑，使其可以用在墙壁及其他易遭受外力撞击的场合。

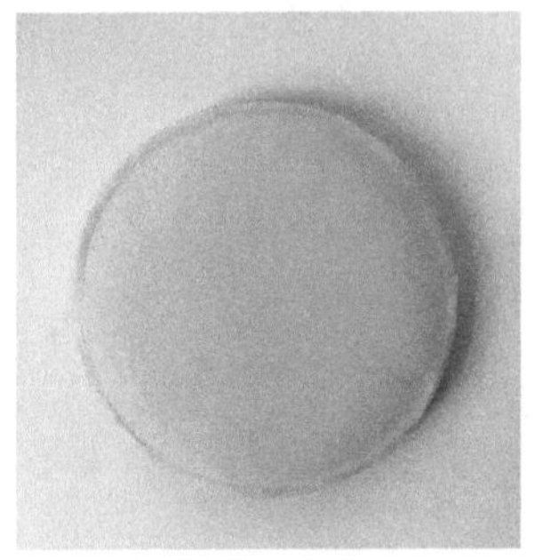
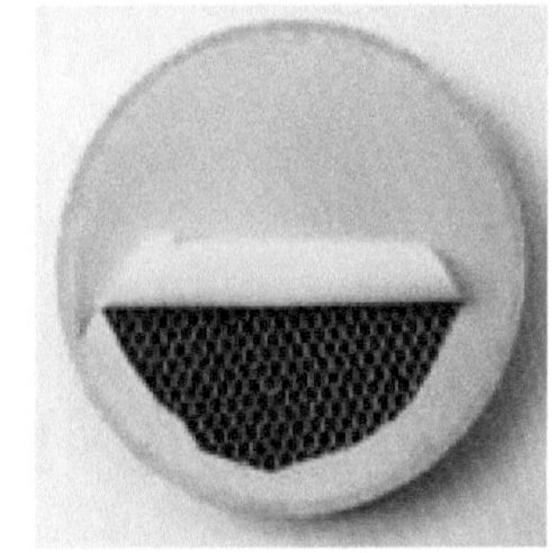

图 6-49　微孔软膜复合结构

微孔软膜材料还可以用于空间吊顶、灯箱、窗帘、壁画、屏风及台灯等装饰吸声结构的设计，如图 6-50 所示。

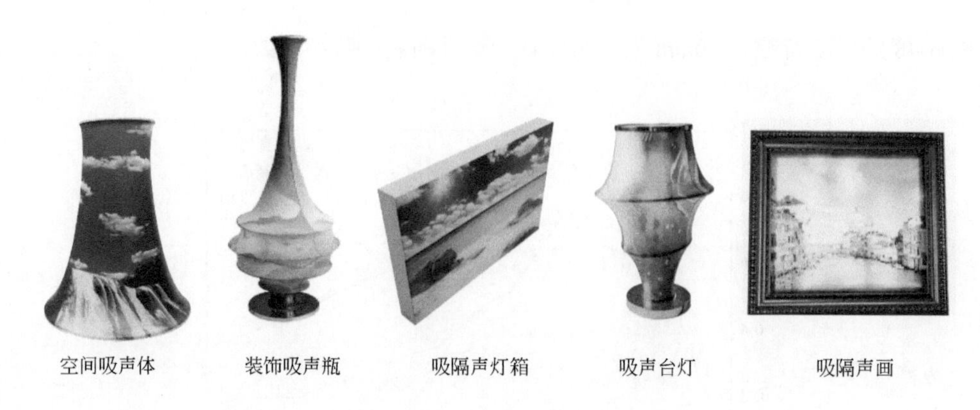

图 6-50 微孔软膜吸声结构设计

微孔软膜空间吸声体非常适用于解决室内混响问题[22-24]。

示范案例一：用六边形吸声灯箱的形式，借助办公走廊原有吊顶龙骨，在走廊天花板处安装了 55 块空间吸声单元，占吊顶总面积的 2/3，如图 6-51 所示。安装前后其混响时间得到良好优化，如图 6-52 所示。本次应用示范采用吸声灯箱形式，在改善办公场所声环境的同时，保证了场所的照明性能。

图 6-51 软膜空间吸声体灯箱应用示范现场图

示范案例二：展览室为 8.3m×4.865m×2.8m 的长方形房间，房间三面为墙体（墙体上分布有亚克力宣传栏及 LED 屏），一面为玻璃幕墙结构，该展览室主要用于宣传展览以及远程会议，但由于内部混响时间过长，严重干扰室内会议传声质量。在展览室内放置矩形微孔软膜空间吸声体，如图 6-53 所示，可有效耗散光滑壁面产生的反射声，降低展览室内的混响时间，如图 6-54 所示。吸声体可将展览室内 500 ～ 1000Hz 范围内的混响时间降低至 1.3 ～ 1.45s，改善了展览室内声环境。

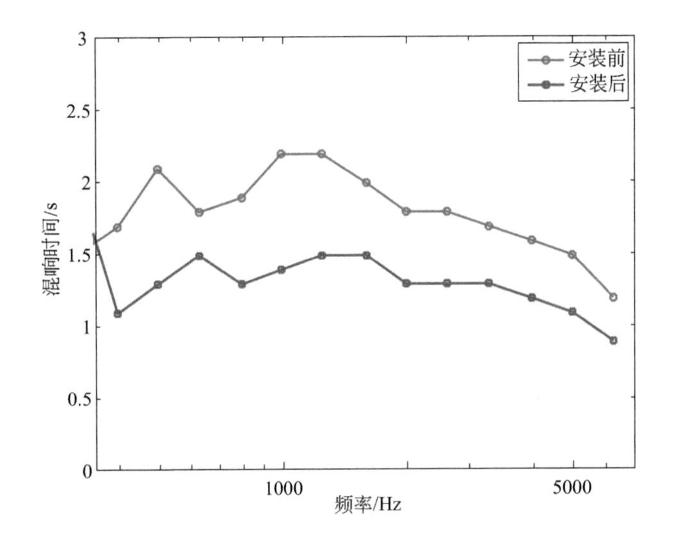

图 6-52　办公场所软膜吊顶体的混响改善结果

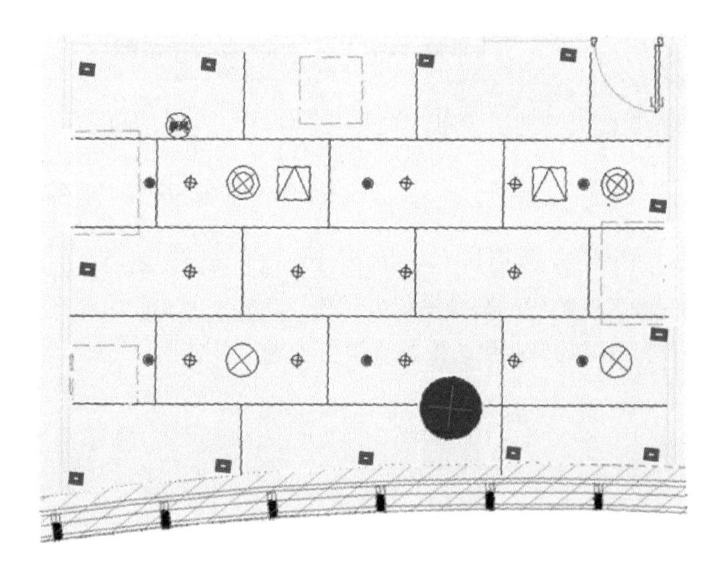

图 6-53　吸声体结构布置图（红色方块为微孔软膜空间吸声体放置位置）

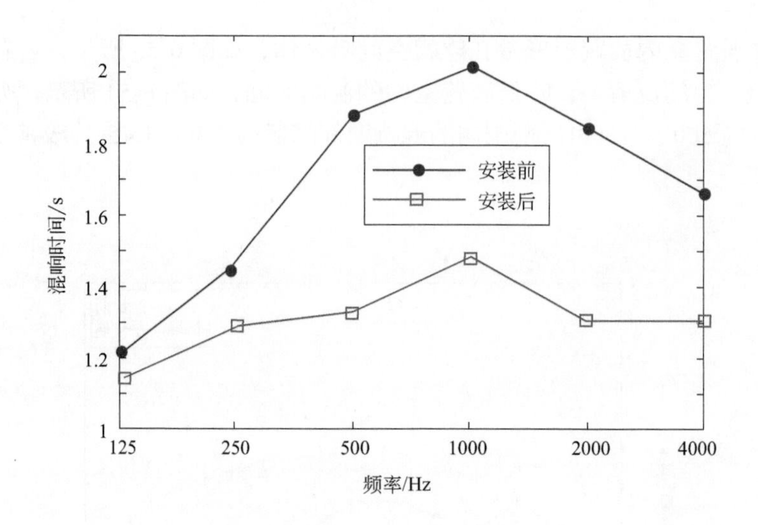

图 6-54　展览室改造前后混响时间对比

示范案例三：通过在听音室吊顶处安装六边形微孔软膜空间吸声体（图 6-55），可有效降低听音室内部分低、中频噪声，改善听音室内语音效果，如图 6-56 所示。

图 6-55　听音室改造效果图

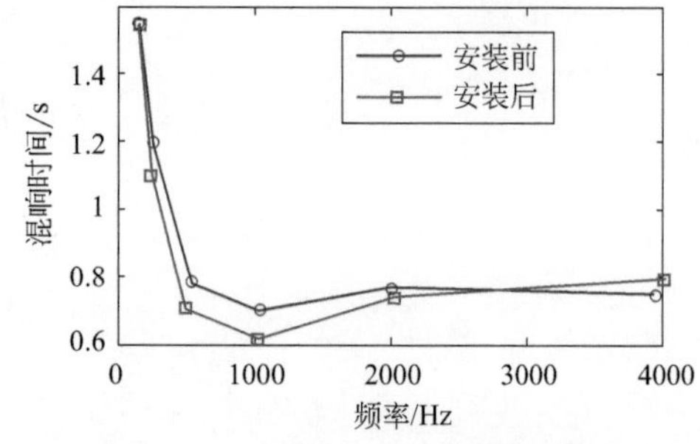

图 6-56　听音室改造前后的混响时间对比

以上应用实现了软膜材料从单一功能面层材料向高吸声性、装饰性、经济性和环保性等多功能微孔软膜空间吸声结构的转变，降低了综合使用成本，增强了市场竞争力，因而具有更好的产业化前景。

参考文献

[1] Gai X L, Xing T, Li X H, Zhang B, Wang W J. Sound absorption of microperforated panel mounted with Helmholtz resonators[J]. Applied Acoustics, 2016, 114: 260-265.

[2] Kim S, Kim Y H, Jang J H. A theoretical model to predict the low-frequency sound absorption of a helmholtz resonator array[J]. Journal of the Acoustical Society of America, 2006, 119: 1933-1936.

[3] Kergomard J, Garcia A. Simple discontinuities in acoustic waveguides at low frequencies: Critical analysis and formulae[J]. Journal of Sound and Vibration, 1987, 143(3): 465-479.

[4] Dubos V, Kergomard J, Keefe D, Dalmont J P, Khettabi A, Nederveen K. Theory of sound propagation in a duct with a branched tube using modal decomposition[J]. Acta Acustica united with Acustica, 1999, 85(2): 153-169.

[5] Mei J, Ma G C, Yang M, Yang Z Y, Wen W J, Sheng P. Dark acoustic metamateials as super a bsorbers for low-frequency sound[J]. Nature Communications, 2012; 3: 756

[6] Gai X L, Li X H., Zhang B, Xing T, Zhao J J, Ma Z H. Experimental study on sound absorption performance of microperforated panel with membrane cell[J]. Applied Acoustics, 2016, 110: 241-247.

[7] 邢拓，李贤徽，盖晓玲，蔡泽农，王芳，关淅文．微穿孔板复合板型声学超材料的低频吸声[J]. 声学学报，2020, 45(6): 878-884.

[8] Tao J C, Jing R X, Qiu X J. Sound absorption of a finite micro-perforated panel backedby a shunted loudspeaker[J]. Journal of the Acoustical Society of America, 2014, 135(1): 231-238.

[9] Lissek H, Boulandet R, Fleury R. Electroacoustic absorbers: Bridging the gap between shunt loudspeakers and active sound absorption[J]. Journal of the Acoustical Society of America, 2011, 129(5): 2968.

[10] Pieren R, Heutschi K. Predicting sound absorption coefficients of lightweight multilayer curtains using the equivalent circuit method[J]. Applied Acoustics, 2015, 92: 27-41.

[11] Pieren R, Heutschi K. Modelling parallel assemblies of porous materials using the equivalent circuit method[J]. JASA Express Letters, 2015, 137(2): EL131-EL136.

[12] Cai Z N, Li X H, Gai X L, Zhang B, Xing T. An empirical model to predict sound absorption ability of woven fabrics[J]. Applied Acoustics, 2020, 170:107483.

[13] 盛胜我．无规入射时空间吸声板的声学特性 [J]. 同济大学学报，1984 (02): 66-71.

[14] 盛胜我，宋拥民，王季卿．微穿孔平板式空间吸声板的理论分析 [J]. 声学学报，2004, 29(4): 303-307.

[15] Toyoda M, Kobatake S, Sakagami K. Numerical analyses of the sound absorption of three-dimensional MPP space sound absorbers[J]. Applied Acoustics, 2014, 79: 69-74.

[16] Toyoda M, Funahashi K, Okuzono T, Sakagami K. Predicted absorption performance of cylindrical and rectangular permeable membrane space sound absorbers using the three-dimensional boundary element method[J]. Sustainability, 2019, 11(9): 2714.

[17] Sakagami K, Funahashi K, Somatomo Y. An experimental study on the absorption characteristics of a three-dimensional permeable membrane space sound absorber[J]. Noise Control Engineering Journal, 2015, 63(3): 300-307.

[18] Toyoda M, Sakagami K, Okano M, Okuzono T, Toyoda E. Improved sound absorption performance of three- dimensional space sound absorber by filling the porous materials[J]. Applied Acoustics, 2017,116: 311-316.

[19] Li X H, Wang Y Y, Cai Z N, Zhao J J, Gai X L. Sound absorption prediction for an arbitrarily shaped microperforated membrane space absorber[A]. The Inter-Noise 2019 Proceedings[C]. Madrid, Spain, 2019.

[20] Li X H. Reciprocity relationship for the diffuse reverberant loading on a general structure[J]. Journal of Sound and Vibration, 2020, 473:115211.

[21] 王月月，张斌，李贤徽，赵俊娟. 活性炭复合吸声结构实验研究 [J]. 声学技术，2017, 36(6): 595-596.

[21] 王月月，赵俊娟，李贤徽，朱丽颖，王文江. 微孔软膜天花空间吸声体实验研究及应用设计 [J]. 声学技术，2018, 37 (6): 6-7.

[23] Wang Y Y, Zhao J J, Li X H, Zhang B, Zhu L Y, Wang W J. Design of space sound absorbers with micro-perforated stretch ceiling[A]. The Inter-Noise 2018 Proceedings[C]. Chicago, USA, 2018.

[24] Wang Y Y, Zhao J J, Li X H, Wang W J, Zhu L Y, Zhang B. Experimental analysis of micro-perforated stretch ceiling space sound absorbers[A]. Proceedings of the 25th International Congress on Sound and Vibration[C]. Hiroshima, Japan, 2018.